21世纪马克思主义研究丛书

马克思主义自然观与美好生活

毛华兵　孟桢　著

人民出版社

总　序

　　21 世纪马克思主义与当代中国马克思主义,是蕴含着中国共产党丰厚理论自信与博大实践抱负的两个命题。两者所指,都是中国特色社会主义。21 世纪马克思主义所指,是中国特色社会主义在世界上的时间维度与空间维度。如果说 19 世纪马克思主义是科学的理论形态,20 世纪马克思主义是探索的实践形态,21 世纪马克思主义则是创新的发展形态。当代中国马克思主义所指,是中国特色社会主义在中国的时间维度和空间维度。中国特色社会主义是中国共产党人将马克思主义与当代中国实践相结合的产物,是马克思主义中国化在当代的成果。习近平新时代中国特色社会主义思想,则是当代中国马克思主义的最新境界。

　　习近平总书记在哲学社会科学工作座谈会上的讲话中指出,哲学社会科学是人们认识世界、改造世界的重要工具,是推动历史发展和社会进步的重要力量,其发展水平反映了一个民族的思维能力、精神品格、文明素质,体现了一个国家的综合国力和国际竞争力。在新的历史条件下推进对马克思主义的研究,就是要站在 21 世纪马克思主义、当代中国马克思主义的高度和视角,研究中国特色社会主义的丰富内涵。这正是华中师范大学编写"21 世纪马克思主义研究丛书"(以下简称"丛书")的初衷。迈向新征程,由华中师范大学马克思主义学院组织编写的这套丛书,作为建党 100 周年献礼图书,希望对推动马克思主义理论研究创新发展作出应有的贡献。

　　"丛书"努力做到选题重大,突出使命担当。马克思主义深刻改变了世界,也深刻改变了中国。特别是建党 100 周年以来,在马克思主义指导下,中国共产党带领中国人民破解了一系列发展难题,书写了中国奇迹,中华民族迎来了从站起来、富起来到强起来的伟大飞跃,也为人类社会发展贡献了中国智慧和中国方案。中国特色社会主义现代化建设的成功实践使中国成为当代马克思主义最重要的实践之地、创新之源。"丛书"总结建党100周年以来中国特色社会主义建设的伟大成就和马克思主义中国化的研究成果,阐明了要学好用好习近平新时代中国特色社会主义思想,用马克思主义学术体系、话语体系去思考分析中国奇迹、中国道路、中国方案、中国经验的理论逻辑。

"丛书"努力做到立场坚定,突出政治底色。坚持以马克思主义为指导,这是我们党带领人民进行社会主义革命、建设和改革伟大实践最为宝贵的经验,总结好这样的经验,在新时代更好地坚持和发展中国特色社会主义,是全党全社会的共同课题,也是思想理论界的重大政治责任。"丛书"坚持马克思主义的基本观点、基本原理和基本方法,强调历史与逻辑相结合、理论与实践相结合、归纳与演绎相结合,从研究对象到分析方法到基本结论,都体现了坚持以马克思主义为指导的政治要求,对如何坚持以马克思主义为指导进行学术研究提供了很好的示范和样板。

"丛书"努力做到立足创新,突出研究本色。马克思主义是一个开放的理论体系,创新是马克思主义的灵魂。马克思主义中国化的过程是自我革命的过程,是崭新的过程。新时代的伟大历程为马克思主义理论的创新提供了强大的理论和实践需求。"丛书"认真听取时代的声音,回应时代的号召,深入研究解决重大和紧迫的理论和实践问题,努力促进马克思主义理论的创新。

作为全国最早研究和传播马克思主义的重要阵地之一,华中师范大学马克思主义学院拥有悠久的革命历史、厚重的理论积淀、突出的学科贡献和浓厚的育人氛围。悉数历史沿革,从最早的中原大学教育学院政治系,到如今的华中师范大学马克思主义学院,七十多年的呕心沥血与学脉延续,是一代又一代的马克思主义者的青春无悔和使命担当。也是由此,华中师范大学马克思主义学院能够在历史发展的基础上,传承和发扬"红色基因",筑牢新时代高校思想政治工作生命线,培养与时俱进的马克思主义理论工作者与实践者,为高校立德树人根本任务积极践行使命。先后入选湖北省重点马克思主义学院和全国重点马克思主义学院,成为马克思主义教育教学、学科建设、理论研究与宣传和人才培养的坚强阵地。马克思主义基本原理专业入选国家重点学科,马克思主义理论学科列入学校一流学科建设重点行列。

站在新起点上,华中师范大学马克思主义学院将牢记习近平总书记的指示精神,加强对党和国家发展重大理论和现实问题的研究力度,加强一流马克思主义研究高地和一流马克思主义思想阵地建设,努力在研究阐释 21 世纪马克思主义、当代中国马克思主义,加强思想理论引领、构建中国特色话语体系方面,形成重大学术成果、理论成果,作出新的更大贡献。

"21 世纪马克思主义研究丛书"编委会主任

赵 凌 云

2021 年 4 月 28 日

目　录

绪　论

20 世纪以来,社会生产力和科学技术迅猛发展,人类实践活动在广度、深度和力度方面突飞猛进,表现出极大的创造能力和建设能力。同时,人类正面临着日益严峻的环境问题和生态危机。在环境、生态向人类敲起"警钟"之后,人与自然的关系问题引起人们高度的警觉,生态文明话题日益受到人们的重视。

"生态文明"这一概念(1984 年苏联学术界最早提出)出现不过几十年,就迅速传遍全世界,几乎为所有人所接受和支持。生态文明既是一个理论问题,也是一个实践问题。对它的研究,既离不开对人类历史的反思,也离不开对社会现实的关照。从理论与实践、历史与现实、地域与全球等不同维度探讨生态文明,正是基于人类正面临着空前的生态危机这一生存现实。

我国生态学家叶谦吉先生在 1987 年首先使用了"生态文明"这一概念。面对我国社会发展水平尚未完成工业化的现实,党中央提出建设生态文明主要是针对经济增长付出了过多的资源环境代价问题,强调实现经济社会和自然生态的协调发展。国内学者围绕生态危机产生的各种原因、生态文明的内涵、生态文明建设的思想基础、生态文明的实现机制、生态文明思维的方法论模式等问题进行了许多卓有成效的研究。在马克思主义与生态文明的价值关联性问题上,复旦大学陈学明教授曾提出"马克思生态世界观"的范畴。

西方社会文化领域也感受到当代环境问题的压力,围绕对生态危机的探讨产生了不同的学术流派,其中生态学马克思主义和建设性后现代主义比较具有代表性。生态学马克思主义是当代西方生态运动与社会主义思潮相结合的产物,其主要代表人物有安德烈·高兹、大卫·佩珀、詹姆斯·奥康纳、约翰·贝拉米·福斯特和威廉·莱斯等。他们认为全球环境危机的根源在于资本主义生产方式的过度生产和消费以及成本外在化和生态犯罪,主张把生态学同马克思主义结合在一起,并提出了"生态社会主义"的制度理想。20世纪70年代,在美国兴起的建设性后现代主义致力于倡导、推进后现代的生态意识,以大卫·格里芬、查尔斯·伯奇和小约翰·柯布为代表。大卫·格里芬认为,"后现代思想是彻底的生态学的",因为"它为生态运动所倡导的持久的见解提供了哲学和意识形态方面的根据"。该学派在批判人类中心主义的过程中提出了试图超越工业文明的后现代生态文明世界观。

一、研究价值

从法兰克福学派、罗马俱乐部、生态学马克思主义、环境保护主义到建设性后现代主义,从西方发达国家到我国,许多学者都在关注和思考生态文明问题。尽管现有的生态文明理论与实践研究十分丰富,但将生态文明与马克思主义自然观联系起来探讨的却不是很多。

(一)学术价值

通过研究,建构马克思主义自然观理论。马克思、恩格斯没有专门系统的自然观理论,但他们对人与自然关系的论述很多,并且对人与自然关系的研究给予高度重视。"人和人之间的直接的、自然的、必然的关系是男女之间的关系。在这种自然的、类的关系中,人同自然界的关系直接就是人和人之间的关系,而人和人之间的关系直接就是人同自然界的关系,就是他自己的自然的规定。"[①]这里,马克思把人与人的关系归纳到人与自然的关系,表明了马克思对人与自然关系的重视,是对世界这个统一体系的科学认识。马克思主义自然观是对资本主义工业化过程的批判而来,是对工业文明进行一分为二地分析的结果。实际上,对马克思主义自然观的研究相对于其他方面理论的研究一直是比较薄弱的。曾经专门讨论这个问题的只有施密特,而且他只是对马克思的自然概念进行分析,还没有从自然观的意义上进行研究。

通过研究,挖掘马克思主义自然观中的生态文明思想蕴含,推进新时代中国特色社会主义生态文明的理论研究与创新。由于时代的原因,马克思、恩格斯没有就生态环境问题进行专门的系统研究,但隐匿于其自然观中的生态文明意蕴,其前瞻性的特点又是毋庸置疑的。马克思主义自然观为正确认识和把握人类生存范式与生成目标提供了方法论启示。

---

① 《马克思恩格斯全集》第42卷,人民出版社1979年版,第119页。

（二）应用价值

在社会主义制度下，虽然消除了资本追求利润冲动下对自然的掠夺，但由于我国正处于由农业社会向工业社会的转型期，为了追赶发达国家，我国长期沿用传统的粗放型增长模式，以资源换增长，不可避免地造成了生态环境的恶化，生态系统呈现出由结构性破坏向功能性紊乱演变的态势。我国经济和社会的发展，愈来愈面临资源瓶颈和环境容量的制约，经济增长和生态环境之间已经出现"新结构危机"。

党的十八大以来，以习近平同志为核心的党中央从中国特色社会主义事业"五位一体"总布局的战略高度，提出努力走向社会主义生态文明新时代、打造生态文明新常态、建设美丽中国的任务。这充分表明我们对全球性生态环境问题承担起自己的历史责任。因此，深入细致地挖掘马克思主义自然观的生态文明意蕴，有利于推进新时代中国社会主义生态文明建设。

二、研究的主要内容

马克思主义自然观是马克思主义哲学中极为重要而丰实的理论。在马克思主义自然观中，一个重要的观点就是：随着"历史向世界历史的转变"，全球已经进入一个"人们在肉体和精神上互相创造着"的时代。在全球关系日益紧密的今天，生态文明已经具有超国界性的特征。

（一）研究的主要对象和目标

1. 研读马克思主义自然观文本，建构马克思主义自然观理论

大体上说，马克思主义自然观文本可以分为两个部分：一部分是以理论批判为主题的哲学研究，其中以《德谟克利特的自然哲学和伊壁鸠鲁的自然哲学的差别》《〈黑格尔法哲学批判〉导言》《1844 年经济学哲学手稿》《神圣家族》《德意志意识形态》《共产党宣言》《〈政治经济学批判〉导言》等著作为代表；另一部分是以实践批判为主题的科学研究，其中马克思和恩格斯有分工，马克思研究政治经济学，以《资本论》为主要代表，恩格斯研究自然科学史，以《自然辩证法》为代表。

基于对马克思主义哲学的实践唯物主义的理解，建构马克思主义自然观。在马克思主义自然观看来，现实的自然界是实践改造的自然界，既不是"开天辟地以来"的自然界，也不是人的精神中存在的自然界，它作为实践活动创造的结果，其本身就内在地包含了人与自然的关系。因此，马克思主义自然观的

理论基石是劳动实践生成人与自然的关系。在这个基石和原则上解读和建构马克思主义自然观理论是本选题研究的基本方法。

2. 揭示马克思主义自然观中的生态文明意蕴

马克思主义自然观与当代生态文明思想有着天然的耦合性,其中蕴涵着丰富的生态文明价值。马克思主义自然观认为,人类在一定的生产方式下从事改造自然的活动,必然影响、制约着人与自然关系的发展。但是,长期以来,人们没有充分认识这种制约和影响,尤其是不能正确估计我们的生产行动和消费行为。

自然界是一个具有内在机制的"自然—人—社会"系统。在这个巨型系统中,自然生态系统和社会系统之间的关系是以人的实践为基础的辩证统一关系。近代形而上学的机械自然观,看不到"自然的历史"和"历史的自然"及其辩证统一,只能引导人们毫无顾忌地"战胜"自然,破坏生态环境。

3. 阐述习近平生态文明思想对马克思主义自然观的发展

建设生态文明是中华民族永续发展的千年大计、根本大计。党的十八大以来,习近平总书记把握时代和实践新要求,着眼人民群众新期待,就生态文明建设作出了一系列重要论述,形成了系统完整的习近平生态文明思想。习近平生态文明思想从理论和实践结合上系统地揭示了新时代社会主义生态文明建设理论和实践的全景全貌,是不断巩固和深化人与自然和谐发展现代化建设新格局新的政治宣言和行动指南。这一科学系统的生态文明思想,是对马克思主义自然观的继承和发展,是马克思、恩格斯自然辩证法在当代中国的最新发展成果。

4. 探寻生态环境问题产生的原因

人类在有关生态环境问题方面有许多模糊认识,围绕着生态问题的许多看法还很不一致,还存在着许多思想障碍需要突破。首要的问题是弄清生态环境问题的原因是什么。

生态环境问题是人类发展的长期性和综合性的结果,是不同人群、地域、民族和国家的利益共同作用的结果,是经济、政治、文化、技术和社会发展诸多不良原因共同作用的结果,是多因一果。具体说来,可以通过三重追问探寻生态环境问题产生的原因,即:观念追问、科技追问和制度追问。

5. 消除生态危机、建设社会主义生态文明面临的挑战和难题

从根本上说,生态环境问题是个社会问题,只有从解决社会问题入手,克服人与社会的异化现象,才能真正克服人与自然的疏离、解决人与自然之间的矛盾。只有建构马克思主义自然观、揭示其中的生态意蕴,才能为消除生态环境问题、实现生态文明指明现实路径。

生态环境问题是由人的观念、行为引起的,如对待自然的错误观念、科技的自反性和不当利用、不合理的制度体制等。只有转变人的观念行为,提高人的素质,校正人的发展方式,才能真正化解生态危机,增强生态文明。解决生态环境问题、建设社会主义生态文明有这样一些难题:如何合理发挥人的主体性？ 如何看待人作为目的与手段的问题？ 如何对待生产？ 如何对待需要和消费？

6. 新时代中国社会主义生态文明建设的有利条件和实现路径

作为人类自然观的精华,马克思主义自然观的生态文明意蕴对于生态文明建设有着重大的实践意义。马克思主义自然观中的生态文明意蕴从"自然—人—社会"的整体有机性的系统思维方式出发,将自然的工具价值和内在价值的统一提高到人与自然和谐的整体高度来审视,本质上重塑了人与自然的关系,即人只是自然的享用者、维护者和管理者。

在建设中国特色社会主义"五位一体"的总布局中,经济是基础,政治是保证,文化是灵魂,社会(民生、福利等)是目的,而生态文明是核心。党的十八大提出必须"把生态文明建设放在突出地位,融入经济建设、政治建设、文化建设、社会建设各方面和全过程",这是着眼全局、抓住要害、考虑久远的科学论断。建设生态文明,要寻找适合本国国情的现实路径。

(二)研究的重难点

生态文明意蕴作为马克思主义自然观的重要内容,很明显是马克思、恩格斯深受德国古典哲学理论中人与自然关系的渲染和熏陶,在批判与继承的基础上经过独立思考来完成其生态文明思想的理论见解的。可以从三个方面对其理论语境进行分析和解读,即:从"绝对的理念"到"现实的自然""从孤立的自然"到"辩证的自然"和从"感性的自然"到"历史的自然"。

研究的难点在于如何挖掘马克思主义自然观的生态文明意蕴,重点在于分析当今中国社会主义生态文明建设的现状、困境、有利条件,并选择正确的

生态文明发展战略。

三、研究思路和研究方法

本书研究的总体思路是在解读马克思、恩格斯的自然观文本基础上,对马克思主义自然观理论进行建构,并探讨其中的生态文明思想蕴含,研究其对我国生态文明建设的指导作用。具体来说,本书按照"一条主线""六个问题"的基本思路来展开研究。首先,紧紧围绕"以马克思主义自然观指导新时代中国特色社会主义生态文明建设"这条主线展开。这条主线贯穿研究的始终。其次,紧紧围绕六个具有内在逻辑联系的关键性问题深入分析,这六个关键性问题是:从哪几个方面建构马克思主义自然观?在马克思主义自然观中有哪些生态文明思想蕴含?党的十八大至今形成的习近平生态文明思想从哪些方面创新性地发展了马克思主义自然观?造成生态环境问题的原因是什么?消除生态危机、建设社会主义生态文明面临哪些挑战和困难?当今中国生态文明建设究竟应该选择什么样的发展战略和现实路径?

研究的具体方法有:

1. 归纳和演绎的方法

归纳是从个别到一般的思维方法,演绎则是从一般到个别的思维方法。本研究在许多方面都会涉及这一对方法。

2. 比较分析的方法

比较分析法是在不同观点、理论的对比分析中,发现它们的优与劣、好与坏、合理与不合理、科学与不科学。本研究在论及马克思主义自然观、生态文明思想的特点时,与传统自然观、其他生态文明思想作对比分析是十分必要的。

3. 逻辑的和历史的相一致的方法

一方面,从历史的角度探寻造成生态危机的原因;另一方面,在逻辑上力图展现消除生态危机、建设生态文明的路径与马克思主义生态文明思想的一致性。

4. 抽象上升到具体的方法

从抽象上升到具体的方法是考察社会形式或范畴科学时使用的正确方法,我们应从抽象上升到具体,而不是从具体到抽象,因为抽象思维规定会在思维行程中导致具体的再现。

第一章　马克思主义自然观的前史与演变

所谓自然观，就是人们对自然界总的看法或总的观点，它是人们世界观的一个组成部分。在人类的认识史中，一直存在着唯物主义自然观和唯心主义自然观的对立，以及辩证自然观和形而上学自然观的对立。

自然观是一个历史的范畴。不同时代的人们，由于受到当时生产实践和自然科学发展水平的限制，对自然界有着不同的认识，形成了不同的自然观。迄今为止，它已经经历了四个基本的发展阶段：即古代朴素的自然观、中世纪宗教神学的自然观、近代形而上学的自然观、马克思主义自然观。马克思主义自然观是对自然界本来面目的认识，是唯一正确的科学的自然观，它的创立是人类认识史上的一次伟大变革。随着现代科学技术的新发展，马克思主义自然观的正确性和科学性不仅得到进一步的证明，而且有了新的发展。为了能清楚地了解人类对自然界认识的发展过程，了解马克思主义自然观产生的历史必然性，考察人类自然观的历史演变，是十分必要的。

第一节　马克思主义自然观的前史

马克思主义自然观诞生以前，人类的自然观经历了三种基本形态。一定形态的自然观是在一定的历史条件下形成起来的，它们的出现都有其历史的必然性，其中最主要的是体现了人类对自然界的认识水平。不同形态的自然观有着不同的特点。

一、古代朴素的自然观

古代朴素的自然观，是指古代自发的唯物主义和朴素的辩证法自然观。公元前7世纪至6世纪，随着奴隶社会的建成和发展，新兴城市的建立，手工业的兴起，航海、建筑业等的繁荣，自然科学得到了发展。但是，由于生产力水平比较低下,整个古代的自然科学只限于天文学、数学和力学,并处于经验的描述阶段。当时还没有精密的科学实验,更谈不上独立的自然科学,自然科学是同哲学结合在一起的。与此相适应,产生了古代朴素的自然观。这种自然观的显著特征是,从感觉的直观出发,从总体上笼统地观察自然界,把自然界看成是一个物质的相互联系的、不断变化的整体,并从物质的个别形态出发,来把握世界的本质,企图勾画出物质世界统一的图景。古代朴素自然观的出现,是人类在自然界认识史上的一次飞跃。

在古代,无论是中国还是古希腊,都存在着原始的自发唯物主义和朴素辩证法的自然观。如在中国古代,有人把"五行"(即金、木、水、火、土)看作是自然界万物的本原,即认为以土与金、木、水、火杂之,以成百物。古希腊最早的自然哲学家之一的泰勒斯认为构成宇宙万物的本原是水;阿那克西米尼则认为万物的本原是空气。随后,赫拉克利特又提出火是自然界万物的本原。这些思想的发展,出现了古希腊的原子论派。古希腊的原子论最初是由留基伯和他的学生德谟克利特提出的,他们认为,世界上任何东西,都是由最小的、不可分割的微粒——原子组成的。原子具有绝对的不可入性和坚实性,是不可分的物质,无数的原子在虚空中永远运动着,它们既不能创造,又不能毁灭。伊壁鸠鲁继承并发展了留基伯和德谟克利特的原子论,认为原子不仅有大小和形态上的不同,而且有重量的不同,它们分离、组合、相互碰撞,构成万物。古代原子论虽无严密的科学加以证明,只是天才的自然哲学家的直觉,然而它是光辉的,具有很大的合理性。可以说,它是现代原子论观点的胚胎和萌芽。

现在看来,把万物的本质看作水、火或其他别的物质形态,这自然是十分幼稚可笑的,但在那时能用现实的客观物质形态来解释自然界的本质,而不是把无限多样统一的自然界归结为神的"创造",这毕竟是具有革命性意义的。

古代朴素的自然观,不仅具有鲜明的唯物主义倾向,而且还闪耀着丰富的朴素辩证法思想。如中国的"五行"说,认为五种本原是可以相互转化的,不是固定不变的。在《易经》中已经运用阴和阳这一对基本范畴探索着自然界发展的内在原因。这种思想,在自然观中有深远的影响。在古希腊,也表现出丰富的辩证法思想。如赫拉克利特就把世界看作一团"活火",认为世界是包括一切的整体,它不是由任何神或任何人创造的,它过去、现在和将来都是按规律燃烧着,按规律熄灭着的永恒的活火。列宁对此高度评价为,"这是对辩证唯物主义原则的绝妙的说明。"①在赫拉克利特看来,自然界处在永恒的运动、变化、发展之中。他的一个著名论点是:一切皆物,物无长住。他以"濯足长流,举足入水,已非前水"来说明这个观点。赫拉克利特不仅承认自然界是发展变化着的,并认为事物内部的矛盾是事物运动的原因,他说,自然也爱对立,它是用对立来产生和谐,而不是相同的东西。上述这些论述,虽然都出于对自然界的直观观察,但都包含着极为丰富的辩证法思想。因此,列宁称他为"辩证法的奠基人之一"②。

总之,企图用自然界的某种特殊事物或性质说明自然现象,并力图从自然现象的总的联系去把握它们,从总体上勾画出一幅自然界的总画面,这就是古代朴素唯物主义和辩证法的自然观。由于这种自然观在总体上、本质上是正确的,因此,它不仅在自然观方面给人们留下了珍贵的遗产,而且为人们提供了从物质本身去研究、说明自然界诸事物的现象与本质的唯物主义立场和世界观,提供了从整体联系和辩证发展的观点去认识自然和研究自然的方法,从而推动了自然科学的发展,出现了自然科学蓬勃发展的"希腊化时期"。在物理学和力学方面,阿基米德提出了有名的浮力定律和杠杆原理;在天文学方面,阿里斯塔克和托勒密分别提出了日心体系和地心体系学说;在地理学方面,埃拉托色尼第一个计算了地球的圆周长;盖仑建立了实用的医学体系;普林尼撰写了共有 37 卷本的博物志——《自然史》;欧几里得撰写出版了《几何原本》一书;丢番图完成了共有 13 卷本的《算术》。这些成果既继承和发展了古老的东西方文化,又融汇了古代朴素自然观的优秀思想,从而使人类的自然知识开始上升到科学的形态。

尽管古代朴素的自然观在科学和哲学的发展史上占有重要的地位和作用,但是整个古代的自然科学基本上还是以简单的经验观察为基础的,一般说来,还没有系统的实验方法,对自然界的细节还不能作出科学的解释和说明。所以古代朴素的自然观提出的一些理论只能着重于逻辑的推理和概括,而缺乏充分的事实根据,这就使它具有直观性、思辨性和猜测性的局限。正是这种局限,使它在历史的进程中不得不让位于另一种自然观:起初是神学的自然观

① 《列宁全集》第38卷,人民出版社1959年版,第395页。
② 《列宁全集》第38卷,人民出版社1959年版,第391页。

的冲击,继而为形而上学的自然观所代替。

二、中世纪宗教神学的自然观

中世纪宗教神学的自然观,主要是指欧洲封建社会基督教神学对自然界总的看法。公元5世纪西罗马帝国的崩溃,标志着欧洲奴隶社会的终结,从此开启了欧洲的封建社会时期,从5世纪到15世纪,在世界史上被称为中世纪。

早在3世纪初,即希腊人被罗马人征服之后,基督教便在社会上日益占据统治地位,进入中世纪,这种宗教就逐渐成为统治一切的力量。整个中世纪,几乎成了宗教神学家们的天下。在这个时期里,一切都被颠倒了,神学的说教成为天经地义,畅行无阻,而科学探讨、科学研究则被严格禁止,科学家遭到残酷的迫害和打击。作为现实的人不准公正、客观地去研究自己,而必须去研究虚无的神,整个现实和人格都被严重地歪曲和践踏了。神学家们将自然界的一切运动都归之于上帝的推动,上帝无处不在、无时不有,上帝创造了万物,并使万物符合上帝的目的而存在。如他们认为,上帝创造了老鼠是为了给猫吃,猫的存在就是为了吃掉老鼠。如此荒唐的论调,在整个中世纪比比皆是。

由此看来,在欧洲,尽管从社会制度上来看,封建社会替代奴隶社会是一个巨大的进步,但是,就自然科学本身的发展说,却是科学史上最黑暗的年代。在自然观上,与古代朴素的自然观相比,也是一个大倒退。基督教神学家和经院哲学家把整个自然界描绘成如下一幅天堂地狱的宇宙图景:自然界及其万物是上帝在虚无中创造出来的,上帝创造万物之际,也就是世界被开创之时;地球是宇宙不动的中心,周围是充满空气、以太和火的同心圈,这些圈里有恒星、太阳、月亮和五大行星,天堂在最高苍穹,地狱在我们脚下;自然界的万物自己不能运动,而是在上帝的推动下运动的,运动又服从造物主的目的;人类也是由上帝创造的,人们既不能理解上帝的目的,更不能改变上帝的意志,一切只能听从神的安排。这种自然观是神学家自觉地将宗教神学和哲学唯心主义相结合而成的反科学的理论。它的实质就是神秘主义的"神创论"和"天堂地狱说"。它否定自然界的物质性和永恒性,否定自然界发展的规律性,是粗俗的唯心主义说教。

但是,又应该看到,中世纪前期和后期的自然观是有一定区别的。在前期时,只承认神的意志和神的权威,"信仰就是一切",完全否认科学的价值。而在后期,则承认在"天启真理"之外,还存在着由科学和哲学所推导出来的理性真理。尽管科学只是神学的"下级"和"婢女"，但它们毕竟有了一定的生存权利。如果稍加注意就会发现：虽然近代自然科学的先驱几乎全是传教士，但是他们那些足以摧毁神学精神统治的科学成果都只不过是打着"为上帝服务"的幌子才公布于世的。

在中世纪的中国、印度、阿拉伯等东方各国，虽然也有神学唯心主义自然观，但与这些国家的宗教势力一样，并没有取得绝对的统治地位，在这里保存了古代的文明并推进了实用科学技术的发展。但在理论形态上，基本沿袭了古代朴素的自然观体系，没有较大的突破，因而东方各国虽然不像欧洲中世纪前期那样窒息科学的发展，科学却也只能以缓慢的步伐前进着。

三、近代形而上学的自然观

形而上学的自然观是以形而上学的观点去解释、说明自然界的唯物主义自然观。在欧洲，14 世纪末 15 世纪初，资本主义生产方式在封建社会内部开始萌芽，封建制生产关系开始逐渐解体。资本主义生产的发展不仅提出了许多问题需要科学作出解释，积累了大量素材要求从理论上作出概括，而且也为科学研究提供了诸如望远镜、钟表、气压计、温度计等新的观测仪器、计量仪器和装置，促进了实验科学的兴起，推动了近代自然科学的诞生和发展。欧洲历史上著名的资产阶级反对封建专制统治和宗教神学思想束缚的文艺复兴运动，则打开了中世纪套在人们头上的精神枷锁，又为近代自然科学的兴起和发展扫清了思想障碍。正如恩格斯所说："如果说，在中世纪的黑夜之后，科学以意想不到的力量一下子重新兴起，并且以神奇的速度发展起来，那末，我们要再次把这个奇迹归功于生产"[1]；"自然科学当时也在普遍的革命中发展着，而且它本身就是彻底革命的"[2]。

近代自然科学始于 1543 年，其标志是波兰天文学家哥白尼的《天体运行论》的问世。哥白尼在该书中提出了"太阳中心说"，批判了统治天文学长达一千多年的托勒密"地心学说"。这是科学发展史上的一个重要里程碑。恩格斯高度评价了《天体运行论》一书，称它为"不朽的著作"，是自然科学的"独立宣言"。从此自然科学开始从宗教神学的束缚下解放出来，从

---

① 《马克思恩格斯全集》第 20 卷，人民出版社 1971 年版，第 524 页。
② 《马克思恩格斯全集》第 20 卷，人民出版社 1971 年版，第 362 页。

而大踏步前进了。

在由哥白尼开启的这个时期(15 世纪下半叶至 18 世纪上半叶),自然科学取得了如下一些伟大的成就。

牛顿和莱布尼兹在总结前人科学成果的基础上,几乎同时创立了微积分。刚体力学也得到了发展,它的重要规律被彻底弄清了。在天文学中,继哥白尼的"日心说"之后,德国天文学家开普勒发现了行星沿椭圆轨道运行的"行星运动三大规律",牛顿在此基础上确定了万有引力定律,肯定了地球上的引力和天体间的引力的同一性。

然而,直到 18 世纪末,"在所有自然科学中达到了某种完善地步的只有力学,而且只有刚体(天空的和地上的)力学,简言之,即重量的力学。"[1]自然科学的其他部门则离这种初步的完成还相差很远。物理学除光学因天文学的实际需要而得到一定发展以外,对热、声、电、磁等只有初步的研究;化学刚刚从炼金术中解放出来,但还在信奉"燃素说";古生物学还根本不存在;生物学主要是搜集和初步整理材料;动物学和植物学仅仅作了粗浅的分类。总之,这一时期的自然科学虽然获得了很大发展,但还没有超出最基本的自然科学的范围,水平还不高,人们所获得的科学材料还不足以说明各种自然现象之间的联系、变化和发展。

与上述自然科学状况相适应,形成了形而上学自然观。形而上学自然观的中心是"自然界绝对不变这样一个见解"[2]。形而上学自然观认为:自然界是客观存在的物质世界,但是自然界的一切是从来如此,永远如此的;物质和运动是可以分离的,即使运动也仅仅是机械运动;万事万物只在空间上彼此并列着,并无时间上的历史发展,自然界的任何变化、任何发展都被否定了;如果要说自然界的变化,那也只是物体的机械的运动或场所的变更,变更的原因不是在事物的内部,而是在事物的外部,即外力的推动。例如,瑞典的生物学家林耐就是一个宇宙不变主义者,他断言:造物主一开始创造了多少不同的物种,现在就存在着多少物种,自然界的物种不增不减,永世不变。又如牛顿,就把物质的一切运动形式都归结为机械运动,并把物质与运动割裂开来,认为

---

[1] 《马克思恩格斯全集》第 21 卷,人民出版社 1965 年版,第 320 页。
[2] 《马克思恩格斯全集》第 20 卷,人民出版社 1971 年版,第 364 页。

"动者恒动、静者恒静"，而要改变这种物质的状态，就需外力的推动。

形而上学的自然观是形而上学世界观的一部分，它的形成并非偶然，除了当时自然科学发展状况还不足以说明各种自然现象之间的联系和事物是一个发展过程之外，还有其深刻的认识根源。

当时的自然科学，总的说来是处于分门别类地搜集材料的阶段。科学工作者把自然界分解为各个部分，把自然界的各种过程和事物分成一定的门类搜集材料和进行研究。这在认识的一定阶段上是必要的。因为在着手研究一个事物的发展过程之前，必须先研究事物是什么；在科学地描绘自然界总图景之前，必须先弄清构成自然界总图景的各个部分、各个细节。因此，这种研究方法在当时是必要的，是当时在认识自然界方面获得巨大进展的基本条件，对认识自然界起过重要作用。但是，这种方法也使人们习惯于"把自然界的事物和过程孤立起来，撇开广泛的总的联系去进行考察，因此就不是把它们看做运动的东西，而是看做静止的东西；不是看做本质上变化着的东西，而是看做永恒不变的东西；不是看做活的东西，而是看做死的东西。"①这就在自然科学研究中形成了长达几个世纪所特有的——形而上学的思维方式。这种思维方式首先被17世纪英国的唯物主义哲学家培根和洛克从自然科学中移到了哲学中，并从世界观上加以总结和概括，便形成了形而上学的世界观与方法论。

形而上学自然观作为一个完整的体系，是人类认识史上的一个进步，即从一定意义上说，形而上学自然观既高于古代朴素的自然观，也高于中世纪宗教神学的自然观。但由于形而上学自然观把自然界看成是僵死的、不变的和一下子造成的东西，不能从自然界本身来说明运动变化的原因，而是到外部寻找最初的推动。这样，就决定了当它回答现实自然界的由来时，又不得不求救于上帝，回到神学那里去了，最后必将导致唯心主义和神秘主义。比如，牛顿就是用神的"第一次推动"来说明地球最初的运动；林耐则用"上帝的安排"来解释动、植物物种的形成，至于人的产生，也只能用上帝创造来回答。所以，当自然科学进展到去研究整个自然过程的时候，去研究事物的起源、运动、变化和发展的时候，形而上学自然观就严重地束缚了自然科学的发展。

① 《马克思恩格斯全集》第20卷，人民出版社1971年版，第24页。

第二节　马克思主义自然观的创立和发展

人与自然的理论关系是自然科学。随着自然科学的一系列新的伟大发现,形而上学的自然观被马克思主义自然观所取代已是历史的必然。马克思主义自然观的创立,实现了人类自然观的革命性变革,它揭示了自然界的联系、运动、变化、发展过程,是自然界真实图景的反映。马克思主义自然观的创立,为人们正确地认识世界和改造世界提供了强大的思想理论武器,同时,它自身也在实践中、在科学革命的洪流中不断地被丰富和发展。

一、马克思主义自然观创立的自然科学基础

从18世纪开始,欧洲各国相继发生了资本主义的工业革命,使资本主义生产开始向机器大工业生产过渡,资本主义的大农业也随之发展起来。机器大工业生产的发展,为近代自然科学的进一步发展提供了大量新的事实材料(如蒸汽机中的热能转化为机械能的事实材料;挖掘运河、矿山中发现的各种古生物化石的材料;农业、畜牧业中选种的材料等)和新的实验工具(如显微镜、高倍望远镜和精密的测量仪器等)。这个时期的自然科学研究方法也发生了根本性的变化,近代自然科学经过将近四个世纪的以分门、分类、分析为主的收集材料阶段,开始进入到对积累起来的大量材料进行综合整理和上升到理论概括的阶段。正如恩格斯所指出的:"事实上,直到上一世纪末,自然科学主要是搜集材料的科学,关于既成事物的科学,但是在本世纪,自然科学本质上是整理材料的科学,关于过程、关于这些事物的发生和发展以及关于把这些自然过程结合为一个伟大整体的联系的科学。"①这样就使自然科学各个领域都取得了许多划时代的重大发现和新的成果。正是自然科学各个领域的重大发现,动摇了形而上学自然观的基础,引起了自然观的革命,促使了马克思主义自然观的创立。

在天文学中,康德的"星云假说"在僵化的形而上学自然观上打开了第一个缺口。1755年,康德在《自然通史和天体论》一书中提出了太阳系起源的"星云假说"。星云假说认为,太阳系是弥漫物质(星云)在吸引和排斥的相互

① 《马克思恩格斯全集》第21卷,人民出版社1965年版,第339页。

作用下逐步发展成为有序的天体系统的。这一学说，从物质自身具有吸引和排斥的对立统一来分析太阳系的形成和发展，使"地球和整个太阳系表现为某种在时间的进程中逐渐生成的东西"①，这就从根本否定了牛顿"神的第一推动力"，把永恒发展的思想引进了天文学。这既是唯物主义，又符合辩证法，从而就为马克思主义自然观的形成提供了天文学方面的论据。在科学上，星云假说是人类认识史上第一个关于天体起源的学说，因此，它既为现代天体演化学奠定了基础，也推动了整个自然科学的发展，因为它包含着一切继续进步的起点。但当时的自然科学家仍被深深地禁锢在形而上学之中不能自拔，康德的著作没有受到同时代人的重视，直到1796年法国数学家拉普拉斯独立地研究和提出了与康德学说相类似的星云假说后，才逐渐引起人们的重视，产生了广泛的影响。人们把康德和拉普拉斯各自提出的星云假说，统称为"康德—拉普拉斯星云说"。直到现在，星云假说的基本思想仍然是研究天体起源问题的出发点。

在化学中，由于到了18世纪下半叶以后，人们用无机物制造出了有机物，消除了无机界和有机界之间不可逾越的鸿沟，打开了形而上学自然观的第二个缺口。在18世纪末期，拉瓦锡用氧化理论代替了燃素说；19世纪初，道尔顿提出了原子论，为化学理论奠定了基础；19世纪中叶，门捷列夫发现了元素周期律，揭示了从前认为是孤立的各种化学元素之间的内在联系。特别是在1828年，维勒写成了《论尿素的人工合成》一文。在该文中，他以雄辩的事实证明，用普通的化学方法，从氰、氰酸银、氰酸铝和氨水、氯化铵等无机原料中，按不同的途径都可合成同一有机物——尿素。维勒还证明了有机物尿素和无机物氰酸铵有着同样的化学组成，都是碳、氢、氧、氮的化合物。这就彻底打破了有机物只能通过生物体才能得到的传统观念，证明了有机界同无机界之间，本来就不存在什么不可逾越的鸿沟。那种认为自然界是永远不变的，无机物只能产生无机物，有机物只能产生于生命有机体的形而上学观点就宣告彻底破产了。

在地质学中，英国地质学家赖尔的地质渐变论，打开了形而上学自然观的第三个缺口。18世纪工业革命以来，采矿业的大发展，运河的开凿，使人们发

① 《马克思恩格斯全集》第20卷，人民出版社1971年版，第366页。

现逐一形成的地层中有不同的生物化石。这个事实使人们不得不承认,地球以及地球上的动植物都有时间上的历史。但当时法国的动物学家和古生物学家居维叶,却认为这是上帝的惩罚而引起的巨大灾变造成的,即用"灾变论"来解释这一现象。赖尔在1830年发表的《地质学原理》一书,以丰富的材料论证了地球地层渐变的理论。他认为,地球表面的变迁是由各种自然力的缓慢作用(例如雨水、河流冲刷,潮汐摩擦,地震,火山爆发等)引起的,并不是超自然的力量——譬如上帝的惩罚而造成的巨大突变引起的。赖尔的功绩在于,把发展变化的思想引进了地质学,粉碎了居维叶的"灾变论",有力地驳斥了上帝创世说。因此,恩格斯说:"只是赖尔才第一次把理性带进地质学中,因为他以地球的缓慢的变化这样一种渐进作用,代替了由于造物主的一时兴发所引起的突然革命。"①

在物理学中,能量守恒和转化定律的发现,彻底推翻了否认各种运动形式可以相互转化的谬论,从根本上动摇了形而上学自然观的基础,打开了形而上学自然观的第四个缺口。在19世纪40年代初,德国青年医生迈尔、英国业余物理学家焦耳等人,几乎同时从不同的角度、不同的途径、不同的科学方法,发现了能量守恒和转化定律。这个定律的发现表明自然界中的一切运动都可以归结为一种形式向另一种形式不断转化的过程。它的发现不仅在物理学上具有划时代的意义,而且具有伟大的哲学意义:它为哲学上论证物质与运动不灭原理提供了自然科学依据。它表明,"自然界中整个运动的统一,现在已经不再是哲学的论断,而是自然科学的事实了。"②因此,那种认为互不联系,互不转化而偶然存在的各种运动形式的谬论被排除了,对世外造物主的最后记忆也随之消除了。

在生物学中,细胞学说和达尔文进化论的创立,证明了生物有机体内部的统一性和生物从简单到复杂的发展,沉重打击了"神创论"和物种不变论,在形而上学自然观上打开了第五个缺口。显微镜的使用使生物学的研究大为改观,导致了细胞的发现。德国生物学家施莱登在1838年提出了细胞是植物构造的最基本单位的理论。他在《关于论植物起源的资料》一文中指出,最近他

---

① 《马克思恩格斯全集》第20卷,人民出版社1971年版,第367—368页。
② 《马克思恩格斯全集》第20卷,人民出版社1971年版,第537页。

已知道低等植物全由一个细胞组成,而高等植物是由许多细胞组成。1839年,德国动物学家施旺在《关于动物与植物结构与生长类似的显微镜研究》一文中,进一步指出了整个生物界都是由细胞构成的理论,明确宣布动物界与植物界的巨大壁垒,亦即最后的结构区分因此完结了。施莱登和施旺创立的细胞学说,使有机体产生、成长和构造的秘密被揭开了;从前不可理解的奇迹,现在已表现为一个过程,整个过程是依据一切多细胞的机体本质上所共同的规律进行的。从而,细胞学说揭示了动植物的统一性。

英国生物学家达尔文根据他对自然界长时间的广泛考察,以及在总结农业、畜牧业改良品种的实践经验和前人研究成果的基础上,于1859年出版了《物种起源》一书,提出了以自然选择为基础的生物进化的理论。进化论认为"物竞天择,适者生存"是生物界发展的普遍规律,提出了现代植物、动物包括人在内,都是自然界长期进化的结果,从而揭示出了生物由简单到复杂、从低级到高级发展变化的自然图景。达尔文的进化论不仅因为"第一次把生物学放在完全科学的基础上"①,在生物学上具有划时代的意义,而且更具有重大的哲学意义。它推翻了那种把动植物种看作彼此毫无关系的、"神创的"、不变的形而上学的观点,为辩证唯物主义的宇宙发展论提供了重要的自然史的基础。

总之,从18世纪中叶开始,在天文学、化学、地质学、物理学、生物学中都取得了重大的成就,在形而上学自然观上打开了一个又一个缺口,自然界的辩证发展本质被揭示出来了。一切经验的东西溶化了,一切固定的东西消散了,一切被当作永久存在的东西变成了转瞬即逝的东西,整个自然界被证明是在永恒的流动和循环中运动着。马克思和恩格斯用辩证唯物主义的基本观点考察自然界,全面地分析了历史上各种自然观产生的必然性及其局限性,正确地概括和总结了当时自然科学的伟大成就,科学地吸取了历史上优秀文化和思想的合理成分,创立了马克思主义自然观。这一科学的自然观深刻地揭示了各个自然系统历史之间的内在联系,科学地确定了自然界整体演化的序列和方向,论证了科学的物质观、运动观、时空观和生命观,抽象出自然界中的基本矛盾,概括了自然界演化的一般规律,探讨了人与自然的辩证关系。整个马克

① 《列宁全集》第1卷,人民出版社2013年版,第111页。

思主义自然观的核心是:自然界中的各个物质形态和运动形式之间的区别都不是绝对的,而是相对的;不是固定的,而是可以变动的。整个自然界是个不断运动、变化、发展着的物质世界,而且运动、变化的动力在于物质世界内在的相互作用。马克思主义自然观揭示了自然界自身实实在在的规律,从而完成了人类自然观的伟大历史变革。

二、现代自然科学对马克思主义自然观的丰富和发展

恩格斯早就指出:"随着自然科学领域中的每一个划时代的发现,唯物主义必然要改变自己的形式"①。自马克思、恩格斯创立马克思主义自然观以来,已经过去一百多年了。一百多年来,自然科学发展迅速、日新月异,划时代的发现层出不穷。

1905 年爱因斯坦创立了狭义相对论,1916 年又建立了广义相对论。相对论的创立,不仅是物理学革命的重要标志,在科学上具有划时代的意义,在哲学自然观上也有极其深远的影响。

相对论打破了经典物理学的框架,揭示了物质在高速运动情况下的特点和规律。当物质的运动接近光速时,表现出许多新的特性,如运动方向上的空间会缩短,时间会延缓;运动物质的质量会因速度的加快而增大,当物体的运动达到光速时,质量会变得无穷大。实际上说明任何静止质量不为零的物体,其运动速度不可能达到光速。相对论还发现了物体运动的两个基本量——质量和能量的对应关系,即 $E = mC^2$。尤其是广义相对论,把物体的非惯性运动和引力场联系起来了。研究大尺度空间的几何性质,成功地说明了引力现象。相对论的建立,突出地揭示了物质、时间、空间、运动是密不可分的。在相对论以前的物理学中,物质、时间、空间是相互独立的物理量,时间是均匀流逝的,空间为物质运动提供了舞台,物质以质量表征出来,它是绝对不变的,并且这些物理量与运动无关,不论运动状况如何,物质、时间、空间都不会发生变化。爱因斯坦的相对论正确地指出,经典物理学关于物质、时间、运动的认识是对宏观低速运动的反映,只是一种特殊的情况,它可以纳入相对论的体系,相对论关于物质、时空和运动的认识具有更大的普遍性。由此可见,相对论的建立深刻地揭示了自然界的一切都是相互联系的,世界的统一性在于它的物质性,

---

① 《马克思恩格斯全集》第 21 卷,人民出版社 1965 年版,第 320 页。

时间和空间是物质存在的基本形式,科学地论证、丰富和发展了马克思主义自然观。

20世纪以来,人们的认识在宇观和微观两个方面都有了突破。在宇观方面,人们运用爱因斯坦的广义相对论和新型的射电望远镜,探测研究目前人力所及的整个宇宙,发现了一系列新的天体,观测的距离已延伸到200亿光年的宇宙深处,并力图从整体上说明目前已经观测到的宇宙的产生、发展的过程和演化趋势。在微观方面,1925年建立的量子力学,打开了微观世界的大门,人们通过普朗克、玻尔、薛定谔、海森堡等人的工作,惊奇地发现在物质的微观结构中,粒子及其运动有着新的特点和规律。其中微观粒子的波粒二象性、海森堡测不准关系、波函数的几率分布、量子化现象等等,都是人们以往在宏观世界所没有认识到的。随后,人们以量子力学为工具,深入研究核子的结构和相互作用、基本粒子的特征及其运动规律等,不断深化对微观领域的认识,包括对夸克(层子)性质的。科学对宇观和微观两个方面的研究不是孤立的,而是相互渗透,相互促进。量子力学、粒子物理学等学科揭示了宇宙间粒子的转化和发展,也可说明各类星体的演化过程;新的天体物理现象又为量子力学、粒子物理学的深入研究提供了新的材料,整个宇宙就是粒子物理学的"天然实验室"。此外,20世纪人们对物质的两种基本形态——实物和场有了深刻的认识。实物和场有许多不同的属性,但二者又不可分割地联系着,在一定条件下可以相互转化。自然科学的上述进程和成就,说明世界既是统一的物质世界,具体的物质形态又是丰富多彩、千变万化的,它们都有不同的规律和特点。整个物质世界,从宇观到宏观,从宏观到微观,所有物质都是相互联系、相互作用、运动变化着的。这些都是对马克思主义自然观的丰富和发展。

1953年,美国遗传学博士沃森和英国物理学家克里克依据X光衍射分析结果,提出了脱氧核糖核酸(DNA)的基本空间结构是双股螺旋结构模型,很好地解释了DNA基因遗传复制的生物功能,把生物学研究推进到分子水平,从而掀起了一场继达尔文进化论以来生物学领域中最广泛的革命,建立了分子生物学。这门新型学科,主要是通过对蛋白质和核酸等生物大分子的结构与功能的研究来深入探讨生命现象的本质。现代分子生物学已经查明了作为生命运动物质承担者的蛋白质和核酸的基本功能和作用,部分地测定了它们的结构,破译了遗传密码,揭示了新陈代谢和遗传变异的内在机制,甚至实现了简单蛋白质和核酸的人工合成。这说明人们更深刻地认识了生命的本质和运动规律,在更深的层次上揭示了生命的统一性,都是对辩证唯物主义生命观的丰富和发展。

自然界运动变化的原因问题,是历来科学和哲学探讨的重大课题之一。20世纪以来,自然科学的发展揭示了自然界运动、变化原因的系统性,使人类的认识向前迈进了一大步。在此以前,人们往往用单线因果链来说明事物的相互作用。这种单线因果链在逻辑学上则表现为单因果的唯一性推论。但是,现代自然科学的发展却证明了自然界运动过程的因果联系也决非仅仅是单一的线性关系。例如,在量子力学中海森堡的测不准关系表明,微观物体的位置和速度不能同时精确地测定,因此不能简单地推测客体将来的运动状态。这就表明了事物发展从总体上来说,取决于整个系统相互作用的结果,而不是取决于单个因素的线性因果作用,尽管系统的相互作用就是由许多单个因素的因果作用所组成的。因此,量子力学的成果对传统的机械"严格决定论"是一个很大的冲击。正如物理学家玻恩在《现代物理学在哲学方面的状况》译文中所说的:"量子定律的发现宣告了严格决定论的结束,而这种决定论在经典时期是不可避免的。这个结果本身具有巨大的哲学意义。"[1]又如,分子生物学的理论也说明自然界生物的选择与适应、遗传与变异,最终都不是取决于某个生物个体和某个基因单位,而是一个整体中的各个因素(包括其环境)的相互作用的结果,是一个复杂的综合体系整体作用的结果。

更为重要的是20世纪40年代以后,系统论、控制论、信息论以及耗散结构理论、协同学等理论的出现,进一步揭示了自然界运动原因的系统性。系统本来就是物质存在的一种基本形式,它是由若干相互联系、相互制约的要素和过程组成的、具有协同作用、体现整体功能、行为和效果的统一体。系统无处不在,也无任何一个事物或过程不是属于某个系统的,自然界就是一个由不同层次的物质系统形成的总体。系统的辩证法揭示了自然界物质的相互作用是复杂的、立体的因果网络,是系统的、整体的因果联系。恩格斯说:"关于自然界的所有过程都处于一种系统联系中这一认识,推动科学到处从个别部分和

---

① [德]M.玻恩:《我这一代的物理学》,侯德彭、蒋贻安译,商务印书馆1964年版,第58页。

整体去证明这种系统联系。"①20 世纪自然科学的发展完全冲破了机械的因果联系，证实了恩格斯这一光辉的预言，并把这种"系统联系"置于深厚的现代自然科学基础之上，使它有着自己崭新的明确的科学表现形式。由此可见，自然界运动原因系统性的揭示，进一步丰富和发展了马克思主义自然观。

现代自然科学的发展还深刻地触及了自然界运动和演化的方向问题。时间的观念，无论在自然科学或是哲学中，都是一个极其重要的观念。在物理学中，自然过程的方程式都是可逆的，过去和未来没有什么区别，时间是完全对称的。可是，在 19 世纪 50 年代，在科学的三个不同领域几乎同时出现了反映时间不可逆的科学理论，分别为克劳修斯的熵增加原理、达尔文的生物进化论和马克思的唯物史观。生物的进化和社会的进化，这个观念在 19 世纪下半叶已经牢牢地树立起来了，但在非生命界，情况却并非如此。克劳修斯的熵增加原理说明，在封闭系统中熵是单向地增加的，是不可逆的，如熵达到了最大值，系统就处于稳定的平衡状态。克劳修斯把这个原理错误地无限推到整个宇宙，由此得出了"宇宙热寂"的结论。这样就出现了现实的世界，无论是生物界或是人类社会，是进化的、越来越有序的。这与克劳修斯的热力学系统越来越无序、是退化的观点相矛盾。如何弥合这一巨大的裂隙，就成为 20 世纪自然科学所面临的一个重要课题。物理学家薛定谔在 1944 年出版的《生命是什么》一书中，试图用热力学和量子力学理论来解释生命的本质。他认为生命是靠"负熵"来维持和发展的，它可以从环境中获得"有序"以维持自身的组织。薛定谔的这一见解虽然还没有解决克劳修斯的退化论和达尔文的进化论之间的矛盾，但他对生命的物理本质的描述，特别是"负熵"概念的提出，为解决这个问题打开了新的思路。其后，普利高津在 20 世纪 60 年代末提出的耗散结构理论，才对这个问题作出了关键性的突破。这个理论认为，一个远离平衡态的开放系统，通过不断和外界交换物质和能量，就可能从原来的无序状态转变为一种时间、空间或功能有序的结构，这就是耗散结构。耗散结构理论是研究远离平衡态的不可逆过程的理论，是研究"历史"的理论。物理的、化学的、生命的，甚至社会的运动都具有自己时间不可逆的历史、都具有自己演化的方向。这种由无序到有序的原因就在于"非平衡"，这就是普利高津所说

① 《马克思恩格斯全集》第 20 卷，人民出版社 1971 年版，第 40 页。

的"非平衡是有序之源",而"非平衡"即是对称性的破缺。宇宙学、高能物理学、量子化学、分子生物学、地质学、生态学等学科的研究成果都表明,正是对称性的破缺,才造成了天体、元素、生命、地球环境等的起源和演化。特别是在耗散结构理论之后,哈肯的协同学、爱根的超循环理论等又进一步发展了系统的自组织和进化的理论。这样,现代自然科学终于在克劳修斯的退化论和达尔文的进化论的鸿沟上架起了坚实的桥梁,在自然界发展的不同层次和水平上,确立了演化的、历史的观点。对于这一点,恩格斯早已指出:"自然界不是循着一个永远一样的不断重复的圆圈运动,而是经历着实在的历史"①。现代自然科学以自己的丰硕成果,使恩格斯这一观点大放异彩。由此可见,自然界运动方向演化性的揭示是马克思主义自然观新发展的又一个重要内容。

　　总之,现代自然科学所取得的重大成果,已经改变了人们的科学世界图景,丰富和发展了马克思主义自然观,而这一切也必将极大地改变人们的思维方式和行为方式,改造人的生活,改造人类社会。这就是当今人类社会的不可阻挡的历史潮流。

---

① 《马克思恩格斯全集》第19卷,人民出版社1963年版,第222页。

第二章 马克思主义自然观的多维阐释

在传统的马克思主义哲学教科书当中,马克思主义自然观就是实践人化的自然观,这似乎已成为定论。但在学术界,马克思主义自然观的内涵究竟是什么,观点可谓是见仁见智。卢卡奇等人把马克思主义自然观视为一种非本体论意义上的实践辩证法;生态学马克思主义者却说马克思主义自然观表现出极端人类中心主义的谵妄。通过解读《〈黑格尔法哲学批判〉导言》《1844年经济学哲学手稿》《德意志意识形态》《神圣家族》《〈政治经济学批判〉导言》《资本论》和《自然辩证法》等多个经典文本,可以知道,与黑格尔、费尔巴哈等人相比,马克思主义自然观的超越之处在于:从实践的角度去考察人与自然的关系,形成了以实践人化的自然为中心的多维自然观。

第一节 物质本体的自然

马克思、恩格斯所言说的自然,首先应该是物质本体的自然。在自然观上,马克思多次申明自己的唯物主义立场,"没有自然界,没有感性的外部世界,工人就什么也不能创造。"①恩格斯在《自然辩证法》中曾指出,自然界中的动物经过进化而发展为脊椎动物的形态,在这些脊柱动物中,产生了具有自己的意识的人。自然界在漫长的进化发展过程中,不仅形成了人这一生命有机体,还为人的生存和发展提供了各种物质、能量和信息,堪称是人的"无机的身体",即"人为了不致死亡而必须与之处于不断交往的、人的身体"②。

一、自然界的物质性及对人的先在性

人类社会是自然界长期发展的产物,是自然界的发展由低级到高级、由自

---

① 《马克思恩格斯全集》第42卷,人民出版社1979年版,第92页。
② 《马克思恩格斯全集》第42卷,人民出版社1979年版,第95页。

在到自为合乎逻辑的飞跃;自然界的物质形态的演化和发展,则是人类社会产生的物质前提,是人类社会演化的前史。人类社会的产生,决不是神和某种神秘力量的作用,而是物质世界本身发展到一定阶段的必然产物,是物质世界自我运动的结果。

现代自然科学以大量确凿的事实证明着自然界的物质性。整个宇宙中,只存在着以时间和空间为自己存在形式的运动着的物质,物质的基本形态是实物和场,它们相互联系、相互转化,构成宇宙中的各种物质形态。迄今为止,宇宙中的物质存在,可划分为微观、宏观、宇观三个层次。微观世界的运动遵循核物理和量子化学的规律,包括分子、原子、原子核、基本粒子、夸克等层次的物质形态;宏观世界的运动遵循经典物理和化学的规律,包括分子体系、凝聚态物体、地面物体、太阳系内天体系统等层次的物质形态;宇观世界的运动遵循广义相对论的规律,包括星系、星系团、总星系等层次的物质形态。在宇观世界中,人类观察已达 200 亿光年的空间和 100 亿年的时间,证明所有天体都是统一的物质世界,遵循着物质运动的规律,所谓神的世界是根本不存在的。

过去人们曾经认为,自然界的各种运动过程是各不相关、互不联系的;生命有机界截然不同于无机界,它是受神秘的"生命力"所支配的。能量转化定律揭示了物质世界各种运动形式的联系和统一,而化学的发展则证明了有机物和无机物也不是互相隔绝的,它们同样是在物质的基础上相互统一的。生物科学发现,生命现象的基础并不是非物质的神秘的"生命力",而是包括蛋白质和核酸等生物大分子的蛋白体。蛋白质由几十个至几千个氨基酸所组成,蛋白质的分子是含有大量氨基酸按一定顺序排列而成的链状化合物。蛋白质复杂而巨大的分子具有普通分子所没有的物质特性,即具有自我更新的生命能力。核酸是由许多核苷酸连成的大分子,由于排列形式的不同构成了不同的遗传信息,它们是生物遗传的物质基础。现代科学已大体揭示出,氨基酸、核苷酸的化学成分,也是由组成普通无机物的化学元素所组成的。依靠现代科学技术,人们已经弄清了一些较为简单的蛋白质、酶和核酸的化学成分和结构,并且人工合成了牛胰岛素这种具有生物活性的蛋白质,这是对生命本质认识的重大突破。这些科学事实都说明,生命有机界和无机界之间并不存在不可逾越的鸿沟。至于生物物种由简单到复杂、由低级到高级的进化,也都是统一的物质世界中一种物质形态向另一种物质形态的转变,而不是作为非物质的"生命力"或神秘的"造物主"的力量。

人类社会固然同自然界有着本质的区别,但它却是自然界长期发展的产物,是物质世界发展的高级阶段。自然界的物质性证明着自然界对人类社会的先在性。这种先在性有两重含义:其一是指,自然界先于人类社会而存在,人类社会是在自然界的基础上产生出来的,是自然界本身由自在形式发展到自为形式的高级物质形态;其二是指,尽管社会是一种高级形态,它同自然界有质的区别,但它的存在和发展,仍然要以自然界的物质存在作为自己的基础。诚然,人类社会创造出了人化的自然,但人化自然只不过是人赋予自然界以人化的形式而已,究其内容,仍然是物质、能量和信息的运动过程,是自然界的物质形态的转化过程。因此,自然界是人类社会存在和发展的永恒基础,也是对人类社会的物质性的始源证明。

从自然界演化到人类社会,是自然史上的一次巨大飞跃。这次飞跃的产生,既有生命以至类人猿产生的自然前提,也有以劳动为转化契机的现实基础,而其中的关键在于劳动。因为劳动为自然界的演进注入了新的因素、新的活力,从而在自然界产生出人类社会。

随着人和人类社会的产生,地球上"最美的花朵"即人类意识也产生了。意识的产生也是一个漫长的自然历史过程。在这一过程中,有三个决定性的环节:其一,由一切物质所具有的反应特性到低级生物的刺激感应性;其二,由低级生物的刺激感应到高级动物的感觉和心理;其三,由高级动物的感觉和心理到人的意识的产生。

意识产生的第一个环节是意识起源史上的质的飞跃,即由物质的一般反应特性到低等生物的刺激感应性。反应特性是一切物质都具有的,是"物质的本性"的最普遍表现之一。随着物质演化史上原始生命物质的产生,也就产生了低等生物的刺激感应性。无生命物质的反应特性和生命物质的反映特性既有区别又有联系。二者的共同特征是:如果没有引起反应的东西,就不能有反应,而引起反应的东西是不依赖于产生反应的对象而存在的;在反应过程中,反应的物体只是反映了被反应对象的部分属性,而不是全部属性。二者的质的区别是:非生物的反应特性都是通过改变自身的形态或者转化为他事物而表现出来的,而生物的反映特性则是为了维持自己的生存和发展,以新陈代谢、自我更新为特征;非生物的反应性是机械的、死板的、没有选择性,而生物的反映特性则是为了维持其生存而具有趋利避害的选择性。

意识产生的第二环节是,在刺激感应性的基础上发展出动物的感觉和心理。低等生物同环境的关系比较单纯和稳定,因而它们只需要刺激感应性就够了。在周围环境日趋复杂多变的情况下,生物原有的刺激感应性就不足以适应环境了。正是在这种矛盾的推动下,经过漫长的"自然选择",产生了动物的感觉。在刺激感应性的反映中,信息、物、刺激必须同时出现,而在感觉中,信息和物可以是间接的联系,动物依据嗅觉,由气味来追捕猎物,猎物与气味在时间和空间上已经不是直接的了。动物这一"移动"的生物,通过视觉、听觉、味觉、嗅觉、触觉等分别反映外界对象的属性,这就大大提高了适应复杂多变的环境的能力。

生物的反映特性离不开一定的物质器官。单细胞生物的刺激感应性是通过细胞膜的外层——质膜获得的。动物的感觉也有自己的物质基础,这就是专门反映外界刺激的感觉器官以及在此基础上形成的反映机构——神经系统。动物的感觉总是同相应的感觉器官和神经系统联系在一起的。在生物进化过程中,动物感觉进一步发展为动物心理。动物心理不仅包括简单的动机,而且包括知觉、表象和情绪。动物心理活动的产生,依赖于更高级的物质基础,它不仅需要各种不同的感觉器官和神经系统,而且需要有指挥神经系统的中心——大脑。大脑是动物心理活动的物质基础。

从刺激感应性到动物的感觉、动物心理的发展,为人类意识的产生准备了条件。在这个意义上,意识是自然界长期发展的产物。

二、人是自然界的一部分

马克思主义认为,人是自然界的一部分,是自然界长期发展的产物。自然科学已证明:在人类产生之前地球早已存在,人类的产生只是地球自然演化过程晚近的事情。作为客观存在的系统,自然界的存在和发展是不以人的意志为转移的。自然界先于人类社会而存在,可以说,是先有了自然界,才有了人类社会,自然界是人类社会存在和发展的基础。恩格斯在《自然辩证法》一文中对自然的客观性有着精彩的论述,他说,"达尔文第一次从联系中证明了,今天存在于我们周围的有机自然物,包括人在内,都是少数原始单细胞胚胎的长期发育过程的产物,而这些胚胎又是由那些通过化学途径产生的原生质或蛋白质形成的"①,"随着这第一个细胞的产生,整个有机界的形态形成的基础也产生了"②。从这些论述中,可以得出,恩格斯承认自然界先于人类社会存在而存在,他更加明确地指出:"自然界是不依赖任何哲学而存在的;它是我们人类即自然界的产物本身赖以生长的基础"③。

人不是超自然的存在物,而是自然界生长出来的果实,是"自然界的人的本质"④的实现。恩格斯也说:"我们连同我们的肉、血和头脑都是属于自然界,存在于自然界的"⑤。人既具有自然属性,又具有社会属性,是自然属性和社会属性的统一。人的自然属性是指人的生理结构、生理机能和生理需求等,它主要表现为以人的生理结构为物质前提的生理活动,是人生存发展的生理基础和前提条件。社会属性依附于自然属性,"人是全部人类活动和全部人类关系的本质、基础"⑥。就连人们的精神活动,也必须以人脑的生理活动为基础,甚至"可以用实验的方法把思维'归结'为脑子中的分子的和化学的运动"⑦。

人作为自然界的一部分,作为动物,"人是肉体的、有自然力的、有生命的、现实的、感性的、对象性的存在物"⑧。人的肉体组织是人的生命存在的自然基础,也是人的全部活动和全部特性的物质承担者。因此,"第一个需要确定的具体事实就是这些个人的肉体组织"⑨。

人的肉体组织具有以下主要特性:第一,人的肉体组织是物质发展的最高形式。人脑的形成,更是地球上最高级、最复杂、最奇妙的物质系统。它为意识的产生提供了物质基础,"在它身上自然界达到了自我意识"⑩,从而把人从动物界分离出来。第二,人的肉体组织蕴藏着无限的"自然力"。人作为有生命的自然存在物,它"具有自然力、生命力,是能动的自然存在物;这些力量作

---

① 《马克思恩格斯全集》第 21 卷,人民出版社 1965 年版,第 339 页。
② 《马克思恩格斯全集》第 20 卷,人民出版社 1971 年版,第 373 页。
③ 《马克思恩格斯全集》第 21 卷,人民出版社 1965 年版,第 313 页。
④ 《马克思恩格斯全集》第 42 卷,人民出版社 1979 年版,第 128 页。
⑤ 《马克思恩格斯全集》第 20 卷,人民出版社 1971 年版,第 519 页。
⑥ 《马克思恩格斯全集》第 2 卷,人民出版社 1957 年版,第 118 页。
⑦ 《马克思恩格斯全集》第 20 卷,人民出版社 1971 年版,第 591 页。
⑧ 《马克思恩格斯全集》第 42 卷,人民出版社 1979 年版,第 168 页。
⑨ 《马克思恩格斯全集》第 3 卷,人民出版社 1960 年版,第 23 页。
⑩ 《马克思恩格斯全集》第 20 卷,人民出版社 1971 年版,第 373 页。

为天赋和才能、作为欲望存在于人身上"①。人的生命活动的性质是自由自觉的活动,即劳动。而劳动是对人的"自然力"的开发和应用。马克思说:"劳动首先是人和自然之间的过程,是人以自身的活动来引起、调整和控制人和自然之间的物质变换的过程。人自身作为一种自然力与自然物质相对立。为了在对自身生活有用的形式上占有自然物质,人就使他身上的自然力——臂和腿、头和手运动起来。当他通过这种运动作用于他身外的自然并改变自然时,也就同时改变他自身的自然。"②人的肉体组织是物质发展的最高形式,尤其是人脑的形成,产生了"地球上的最美的花朵——思维着的精神"③,为人类提供了伟大的精神力量和智力发展的无限潜力。第三,人的肉体组织,遵循物理、化学和生物运动的规律。人的肉体组织同其他自然物一样,都由化学元素所组成,因而必须遵循共同的物理和化学运动的规律。人作为一种生物,一种动物,也具有生物运动的规律。第四,人的肉体组织决定人具有自然需要。人的自然需要是指维持人的生命存在的生物需要、生理需要。在《1844 年经济学哲学手稿》中,马克思指出:吃、喝、性行为等等,都是真正的人的机能;男女之间的关系,是人和人之间最自然的关系。在人的自然需要中,马克思、恩格斯特别强调人对生活资料的需要,认为它与生命有着直接等同的关系。

人的生命活动是"自由的自觉的活动",因为当人从自然界中分离与提升出来,成为一种有别于纯粹的自然存在物的存在时,人即成为一方面表现为自然界的弃子,另一方面也表现为自然界中的骄子。所谓弃子,意味着他的肉体存在所需的生活资料再也不能依赖于自然界的天然供给,必须依靠自己的努力自己解决自己的肉体存在所需的一切。所谓骄子,即是说在自然界中的所有存在物中,唯有人有能力依靠自己的劳动解决自己肉体生存所需的一切。劳动是动物向人演化的生成方式,人作为人存在是自己劳动的结果。劳动是人的生命活动,因而是人的存在方式,是人的存在区别于动物存在的本质,是人的种类特性的本源性体现,人与动物之间的一切区别都源自各自生命活动的性质与特性的不同。

----

① 《马克思恩格斯全集》第 42 卷,人民出版社 1979 年版,第 167 页。
② 《马克思恩格斯全集》第 23 卷,人民出版社 1972 年版,第 201—202 页。
③ 《马克思恩格斯全集》第 20 卷,人民出版社 1971 年版,第 379 页。

　　劳动也是人作为人存在的根本性标志与自我确证。人什么时候才从自然界中分离与提升出来作为人存在？或者说人类的历史始点在哪里？从历史科学的方面看，这或许是一个很难甚至无法回答的问题，因为历史科学所依据的考古证据充其量只能证明人类存在的最短时间，却不能确切地标明人类历史的始点，但在哲学历史观的维度上，标定人类历史的起点不仅是必需的，而且是可能的，即人什么时候依靠自己的劳动来解决自己肉体存在所需的生活资料的那一天，便是人作为人存在的历史开端。

　　作为属人的生命活动的劳动如何表现为一种自由自觉的类特性或类本质呢？当然，动物的肉体生存也需要食物，即需要吃喝，而且动物也需要住所，用来抵御自然界的酷暑和严寒，同时动物也需要防备自然界的天敌，确保自身及其幼仔的安全，以维持种的生存与延续。也就是说，动物也需要生产，"也为自己营造巢穴或住所，如蜜蜂、海狸、蚂蚁等。"①不仅如此，动物在建造与构筑自己巢穴的时候，其本领在某些情况下甚至连人类高明的建筑师也自叹不如。但尽管如此，动物的生产与人的生产在本质上是不同的，这种不同主要表现在，虽然动物也能进行生产，但动物的生产是片面的，它的片面性表现在它的生产尺度的狭隘性与唯一性，即它"只是按照它所属的那个种的尺度和需要来建造"，它不能超出这个限制与限度。而这个种的尺度与需要纯粹是一种自然性的规定，不论蜜蜂的窝、海狸的穴、蚂蚁的巢，有多么的精美绝伦，如何的完美无缺，但其性质仍然属于自然的本能。人类的生产或劳动具有全面的性质，这种全面性首要地表现在活动尺度的多维性与全面性上，人类不仅能够按照任何一个种的尺度，包括对象尺度进行生产，懂得将自己的尺度运用到对象上去，对对象按照人的需要进行改造，人还能按照美的规律进行建造，使自己生产出来的产品满足自己审美情感的需要。正因为人的生产或劳动具有全面的性质，人的生产或劳动才具有自由自觉的性质。

　　那么，是什么原因导致或形成了人的生产与动物生产之间的这种本质性差别呢？合理性的解释在于，动物的存在是一种纯粹的自然存在物，"动物和它的生命活动是直接同一的。动物不把自己同自己的生命活动区别开来。它

---

①　《马克思恩格斯全集》第42卷，人民出版社1979年版，第96页。

就是这种生命活动。"①而人的存在则是一种具有双重性质的存在。首先,人也是一种对象性存在物,非对象性的存在物是非存在物。其次,人不仅是一种对象性存在物,人同时还是一种类存在物。所谓类存在物即是一种有意识的存在物,即是说"他的生命活动是有意识的"。正是由于人的存在具有双重的性质,因而人的生命活动也就具有双重的特性:受动性与能动性。人作为对象性存在物存在,对象的存在是他的存在的前提,因而他的活动不可能不受到对象存在的制约,使它的活动具有受动的性质。另一方面,由于人有意识,是有意识的类存在物,因而他有能力超越外部对象的束缚,对外部对象进行能动的改造。"正是在改造对象世界中,人才真正地证明自己是类存在物。这种生产是人的能动的类生活。"②

人的存在是一种双重性的存在,这种双重性的存在决定着人的双重特征:受动性与能动性。正因为人是一种有意识,具有能动性的类存在物,人才是一种具有自由自觉特性的存在物。这是一条清晰的逻辑链接,这种逻辑链接无疑符合对客观事实的真实图景的描述。然而,人为什么是一种有意识的类存在,人的能动性从何而来?是天赋的,还是神赋的?抑或是人的自赋?科学性的诠释是后者。人的能动性既不是来自于自然性的造化,也不是来自于神的赐予,而是来自人的劳动。人不是因为吃了伊甸园的智慧果而有了意识与自我意识,也不是可以用伊壁鸠鲁的原子偏斜理论就能获得合理性的解释。人之所以具有意识与自我意识的能力,因而具有自由自觉的类特性,根本性的原因在于劳动的需要与劳动的作用。劳动不仅是人的世界的生成的基础,同时也是人本身生成的基础,人是依靠自己的劳动将自己从自然界中分离与提升出来的,这是人的自我生成、自我创造的过程,也是人的自由自觉的类特性的生成与获得的过程。

第二节　实践人化的自然

实践是人与自然联系的中介,是人与自然关系的实现形式。在马克思看

---

① 《马克思恩格斯全集》第 42 卷,人民出版社 1979 年版,第 96 页。
② 《马克思恩格斯全集》第 42 卷,人民出版社 1979 年版,第 97 页。

来,实践活动指向的自然界,是被人类的本质力量中介了的实践的人化自然界。人与自然关系的本质是实践关系,"不仅五官感觉,而且所谓精神感觉、实践感觉(意志、爱等等),一句话,人的感觉、感觉的人性,都只是由于它的对象的存在,由于人化的自然界,才产生出来的。"①因而,只有从实践出发,才能看到人与自然关系的发展变化。

一、从实践出发把握人与自然的关系

作为一种新世界观,马克思的新唯物主义内在地涵盖着马克思主义自然观。在新唯物主义哲学的逻辑运思中,人与自然的关系不仅是构成人与世界的关系中的一种不可或缺的关系,而且是人与世界之间的全面关系的前提与基础。对这个前提与基础的理解,当然不能仅仅局限于自然界先于人的存在,相对人的存在来说,自然界具有无可怀疑的"优先地位",更为重要的是,它是人的生命存在与延续的物质基础,因为人要维持自己的肉体存在,就必须与身外的自然界进行物质、能量、信息的交换。

对马克思主义自然观所实现的革命性变革应如何理解与把握呢?换句话说,新唯物主义自然观新在何处呢?马克思曾在《关于费尔巴哈的提纲》中的第一条为我们写下了一段人们熟知的并可视为经典性的话语:"从前的一切唯物主义——包括费尔巴哈的唯物主义——的主要缺点是:对事物、现实、感性,只是从客体的或者直观的形式去理解,而不是把它们当作人的感性活动,当作实践去理解,不是从主观方面去理解。所以,结果竟是这样,和唯物主义相反,能动的方面被唯心主义发展了,但只是抽象地发展了,因为唯心主义当然是不知道真正现实的、感性的活动的。"②马克思的这一经典性的话语,既是我们解读新唯物主义哲学革命的一把钥匙,同时也是我们理解马克思主义自然观的一条线索。

在马克思主义哲学的创始人看来,旧唯物主义哲学家们与各种形态的唯心主义哲学家们哲学路线的分歧焦点,并不在于客观物质世界是否是先于人存在或依赖于人存在,对于那种与人分离的天然自然界先于人与人类社会的存在的事实,即使是最极端的唯心主义哲学家也不会愚蠢到要加以否认的地

---

① 《马克思恩格斯全集》第 42 卷,人民出版社 1979 年版,第 126 页。
② 《马克思恩格斯全集》第 3 卷,人民出版社 1960 年版,第 3 页。

步。二者分歧的主要焦点在于对"事物、现实、感性",即人类所面对的感性世界应如何理解的问题上。而所谓的"对象、现实、感性",或感性世界,无疑既指向人们所面对的感性的自然界,也指向人类社会与人类社会的历史。

正是在对"对象、现实、感性"的理解上,旧唯物主义与唯心主义都犯有片面性的错误。对于旧唯物主义哲学来说,它的片面性错误主要在于,没有将游离于人的物质世界同人处于其中的感性世界区分开来,而是用对待纯粹自然物的思维方式去对待"对象、现实、感性"或"感性世界",对"对象、现实、感性"诉诸一种"客体的或直观的形式"的理解,抹杀了人的感性世界与天然世界的本质差别,其结果是导致了人相对于"对象、现实、感性"而言的主体性地位的丧失与主体能动性的取消。相对于唯心主义哲学而言,它将其哲学思考的视野聚焦在"对象、现实、感性",即人的感性世界上,将人的感性世界视作是在人的活动上的生成,这无疑具有合理性的成分。但由于唯心主义哲学对"对象、现实、感性"仅仅从单纯的主体方面去理解,并且在他们的思维理路中所谓主体不过是人的意识和思想,这样当他们对"对象、现实、感性"诉诸纯主体的理解时,人的感性世界便变成了人的精神或思想的产物或精神的对象化与异化。这样的结果正如马克思所说的,与旧唯物主义完全取消了人的主体能动性相反,唯心主义发展了人的能动性,但却是抽象的发展。

旧唯物主义与唯心主义在对待"对象、现实、感性"上,虽然犯有不同的片面性,但其导致片面性的原因却是相同的,即都没有将"对象、现实、感性""当作感性的人的活动,当作实践去理解",不懂得现实的"对象、现实、感性"即人的感性世界既不是天然自然界的自然延伸或自然演进自发性的进化,也不是纯粹人的思想或精神的产物,而是在人的实践活动中的生成,因而应诉诸人的感性实践活动的理解。而人的感性实践活动既不是一种纯粹的客观性活动,也不是一种纯粹的精神性活动,而是一种主客体相统一的活动。当新唯物主义对"对象、现实、感性"诉诸实践的理解时,应是在对"对象、现实、感性"作客观性理解的同时,还作主观性理解;在作主观性的理解的同时,也作客观性的理解。

正是新唯物主义对"对象、现实、感性"诉诸人的感性实践活动的理解,因此这种新唯物主义在本质上也即是实践的唯物主义。新唯物主义之"新",新就新在它对"对象、现实、感性"诉诸一种人的感性实践活动的理解上。在自然观上,新唯物主义或实践的唯物主义同之前的旧唯物主义有着本质的不同,即它不是游离于自然界之外,去对所谓自然界的存在的本质进行形而上学式的思辨与追问,而是将自然界置于与人相联系与统一的维度去进行把握与思考。

在新唯物主义或实践的唯物主义视野里,人与世界之间的现实关系是统一的,而统一的基础是人的历史性的实践活动。因此,人与自然界之间的现实性的关系,在本质上是一种实践关系。因为,对于实践的唯物主义来说,"整个所谓世界历史不外是人通过人的劳动而诞生的过程,是自然界对人说来的生成过程,所以,关于他通过自身而诞生、关于他的产生过程,他有直观的,无可辩驳的证明。因为人和自然界的实在性,即人对人说来作为自然界的存在以及自然界对人说来作为人的存在,已经变成实践的……"①。正因为新唯物主义或实践的唯物主义将与自然界的关系理解成一种本质上的实践关系,因此自然是一种与人构成对象性的实践关系的自然,而不是那种游离于人的实践活动视野之外,与人处于分离状态的自然。

诚然,那种在人之外、与人分离的自然界是独立的、自在的,并且相对于人的存在来说其"优先地位仍然会保持着",但由于它游离于人的实践活动之外,没有与人构成现实的对象性关系,相对于人的现实生活而言没有发生价值或意义的关系,因而可以视作是一种"无"。当马克思主义经典作家称它为"无"时,并不意味着它是一种存在论意义上的"无",而是一种价值论意义上的"无"。在存在论维度上,自然界的存在并不依赖于是否与人构成对象性的关系,自然界相对于人的价值或意义能否发生,则取决于它是否与人构成现实的主客体间的对象性关系。与人分离的自然界,或者说与人没有构成现实的对象性实践关系的自然界,相对于人来说,既不会发生认识的价值,也不会发生审美的价值,无疑也不具有进行物质、能量与信息交换的价值。

在新唯物主义或实践的唯物主义视野里,人的实践活动是人与自然界之间建构起对象性关系的桥梁和纽带。正是依赖于这种对象性关系的存在,才生成人与自然界之间的互动关系。一方面是自然界向人的生成,使自然界中的自然元素通过人与自然之间的物质、能量、信息的变换过程,转化与生成为

---

① 《马克思恩格斯全集》第 42 卷,人民出版社 1979 年版,第 131 页。

人的肉体的、认识的、审美的本质力量,使自然界成为人的"无机的身体";另一方面是人向自然界的生成,人通过对象性的实践活动,将自身所具有的本质力量对象化于自然界之中,使自然界人化,将其转变成具有属人性质的自然界或"人类学的自然界"。

二、劳动实践生成人化自然

人原本是一种纯粹的自然存在物,当人还是作为一种纯粹的自然存在物存在时,或者说当人还没有从自然界分离与提升出来,而只是自然界的一部分时,他并不比其他类型的自然存在物有何优越性,而只是当人有了意识时,人不仅将自己从自然界中分离与提升了出来,人也改变了自己存在的性质。人从自然界脱离出来以后,就不再仅仅是作为自然界的一部分,"人不仅仅是自然存在物,而且是人的自然存在物"①。人的类本质不仅使人有能力通过实践脱离自然界,而且人对自然来说产生了自己的利益,生成了人化自然。物质资料的生产活动是最基本的实践活动,因为"人们首先必须吃、喝、住、穿,然后才能从事政治、科学、艺术、宗教等等"②的活动。人在物质生产实践活动过程中,改变着人身体之外的自然,同时也改变着人自身的自然。人的物质生产实践所开发的自然,既包括外部自然也包括人自身的自然,因而实践创造了人自身的人化自然,也创造了外部环境的人化自然。实践是人与自然关系生成的中介和纽带,实践活动一方面使人脱离自然界,另一方面又使自然界向人生成,即"人化的自然界"③。

没有实践活动也就没有人与自然界的区分,人的实践活动改变了自然界,使自然有了不同于自然界中存在的方式,即人化自然。它包括被人类劳动或活动改造过的,虽在外观上仍留有自在自然的特征,但在本质上却深深地打上了人的意志与智慧的印迹,带有合目的性的自然与自然环境。马克思说:"自然界没有制造出任何机器,没有制造出机车、铁路、电报、走锭精纺机等等。它们是人类劳动的产物,是变成了人类意志驾驭自然的器官或人类在自然界活动的器官的自然物质。它们是人类的手创造出来的人类头脑的器官;是物化的知识力量。固定资本的发展表明,一般社会知识,已经在多么大的程度上变

① 《马克思恩格斯全集》第42卷,人民出版社1979年版,第169页。
② 《马克思恩格斯全集》第19卷,人民出版社1963年版,第374页。
③ 《马克思恩格斯全集》第42卷,人民出版社1979年版,第126页。

成了直接的生产力……它表明,社会生产力已经在多么大的程度上,不仅以知识的形式,而且作为社会实践的直接器官,作为实际生活过程的直接器官被生产出来。"①换言之,人通过实践活动创造了人化自然的存在。

人的实践活动与人的类本质是一致的。人的类本质的自由自觉的活动是通过劳动实践产生的,而且它首先表现为劳动实践。劳动是人的世界的一切秘密的发源地。费尔巴哈没有从劳动实践出发考察人与自然的关系,他所主张的那种不受人的实践活动影响的纯粹的自然界,只能是一种"抽象的自然界",因而看不到人化自然的意义。尽管"他紧紧地抓住自然界和人;但是,在他那里,自然界和人都只是空话。无论关于现实的自然界或关于现实的人,他都不能对我们说出任何确定的东西。"②

物质生活资料的生产是人类生存的基础,因而生产物质生活资料的劳动对人类生存是一个永恒的条件。这种物质劳动作为人的自由的活动的一种,是一个历史概念。在不同历史阶段或不同社会条件、不同的社会生产中劳动具有不同的社会形式,人的自由的活动的类本质是在历史劳动中曲折地实现的。

对历史的劳动,马克思认为它们只是为"作为人的人"的历史做准备的活动。马克思说:"劳动这种生命活动、这种生产生活本身对人说来不过是满足他的需要即维持肉体生存的需要的手段。"③可见,劳动并不直接等同于人的自由的活动。但是,劳动无疑对人和人的世界的存在有决定性意义。"这种活动、这种连续不断的感性劳动和创造、这种生产,是整个现存感性世界的非常深刻的基础,只要它哪怕只停顿一年,费尔巴哈就会看到,不仅在自然界将发生巨大的变化,而且整个人类世界以及他(费尔巴哈)的直观能力,甚至他本身的存在也就没有了。"④因为人在劳动过程中形成,在劳动的基础上生存,人与自然界的关系就产生和建立在人的劳动的基础上,人的自由的活动也是在劳动的基础上连同劳动本身发展而实现的。所以,在本质上说,人与自然界的一切关系,从人的方面也就是从现实的方面看,都是通过劳动的关系生成

---

① 《马克思恩格斯全集》第46卷下册,人民出版社1979年版,第219—220页。
② 《马克思恩格斯全集》第21卷,人民出版社1965年版,第334页。
③ 《马克思恩格斯全集》第42卷,人民出版社1979年版,第96页。
④ 《马克思恩格斯全集》第3卷,人民出版社1960年版,第50页。

的。马克思对黑格尔的肯定与其说是他的辩证法,不如说是他的辩证法的结果。黑格尔"抓住了劳动的本质,把对象性的人、现实的因而是真实的人理解为他自己的劳动的结果";"黑格尔站在现代国民经济学家的立场上。他把劳动看作人的本质,看作人的自我确证的本质"①。

对于人的劳动过程,马克思说:"他使自身的自然中沉睡着的潜力发挥出来,并且使这种力的活动受他自己控制。"②"劳动过程的简单要素是:有目的的活动或劳动本身,劳动对象和劳动资料。"③劳动资料是"附加在人的自然器官上的人工器官"④。劳动是一个自然过程,是人运用自身的自然力改变自然界的过程。作为创造使用价值的劳动,"在不同的使用价值中,劳动和自然物质之间的比例是大不相同的,但是使用价值总得有一个自然的基础。劳动作为以某种形式占有自然物的有目的的活动,是人类生存的自然条件,是同一切社会形式无关的、人和自然之间的物质变换的条件。"⑤所以,劳动不仅是一个自然过程,而且它是"物质变换"的过程,因而在这里我们看到劳动所产生的结果是生成了人化自然。

詹姆斯·奥康纳也看到马克思主义人化自然观的劳动出发点,并且从这里出发解释了自然与文化的关系。他说"劳动是自然与文化之间的媒介,这就是说,劳动把这两者在生产的维度上拉到了一起,并使之能生产出人类所需的物质生活资料。从这一角度看,对历史与自然景观的文化解释与环境主义解释之间的二元论就不存在了。当我们在观察任何一种自然景观或研究任何一种生态系统时,我们就会发现,自然与文化方面的任何一种微小的变化,所涉及的决不仅仅是某个单独的方面,而是一个三位一体的整体,即文化、劳动与自然。"⑥因此,劳动过程就是人化自然生成的过程,人化自然的生成在逻辑上就是劳动产品的生成。

---

① 《马克思恩格斯全集》第 42 卷,人民出版社 1979 年版,第 79 页。
② 《马克思恩格斯全集》第 23 卷,人民出版社 1972 年版,第 202 页。
③ 《马克思恩格斯全集》第 23 卷,人民出版社 1972 年版,第 202 页。
④ 《马克思恩格斯全集》第 47 卷,人民出版社 1979 年版,第 337 页。
⑤ 《马克思恩格斯全集》第 13 卷,人民出版社 1962 年版,第 25 页。
⑥ [美]詹姆斯·奥康纳:《自然的理由》,唐正东等译,南京大学出版社 2003 年版,第 141 页。

第三节　社会历史的自然

马克思在分析费尔巴哈唯物主义自然观时发现,自然与历史是分割的。"这样就把人对自然界的关系从历史中排除出去了,因而造成了自然界和历史之间的对立。"①马克思把自然界看作是在社会历史进程中生成的现实的自然界,得出"通过工业——尽管以异化的形式——形成的自然界,是真正的、人类学的自然界"②的结论。正如施密特所说:"马克思的自然观与其他各种自然观的区别,首先在于他的社会历史的特征。"③

一、现实的自然具有社会历史性

当新唯物主义或实践的唯物主义对"对象、现实、感性"诉诸一种感性实践活动的理解时,它内在地也是在诉诸一种社会性的与历史性的理解。可以说新唯物主义自然观,因而也是一种社会性的与历史性的自然观。实践的、社会的与历史的等概念在实践的唯物主义的逻辑运思中,是圆融与互通的。深刻的原因在于,人的感性实践活动的生成与发展本身是一种社会性与历史性的活动。

人的"社会生活在本质上是实践的"这一特点,同时也就意味着人的实践活动与人的社会与历史生活具有不可彼此剥离的性质,人的社会生活是实践的,而人的实践也是社会的与历史的,这类似于同一枚硬币的正反面,二者互为前提与条件,共生于同一个过程,表达的也是同一件事情。如果说二者之间有什么区别的话,这区别也仅在于,一个是就内容而言的,另一个是就形式而言的。相对于人的社会与历史的生活而言,人的实践是它的本质与内容;相对于人的实践活动而言,社会与历史是人的实践活动得以进行的前提与条件。人类通过自己的劳动实践创造出人类的社会与社会的历史,而人的社会与社会的历史一旦生成,就会反过来制约着人的现实的实践活动,并使其具有社会的与历史的特性。

在新唯物主义哲学自然观的维度中,自在性的客观自然界并不是无条件

---

① 《马克思恩格斯全集》第3卷,人民出版社1960年版,第44页。
② 《马克思恩格斯全集》第42卷,人民出版社1979年版,第128页。
③ [德]A.施密特:《马克思的自然概念》,吴仲昉译,商务印书馆1988年版,第13页。

地与人构成一种现实性的对象性的关系,或者说它必然地构成人的感性世界的一部分,那种在人诞生之前的自然界,或在人诞生之后,但仍游离于人的社会生活视野之外的天然自然界仍不构成人的对象世界。客观自在的自然界能否进入,在何种程度与何种意义上进入人的实践领域,与人构成对象性的关系,它虽然要取决于自然界本身的属性与功能对人需要的满足,但更大程度上则取决于人本身需要的发展与实践能力的提高,而人的需要及其发展,人的实践能力的提高,又不能不受到社会历史条件的制约,具有无可否认的社会历史性质。

正因为如此,当马克思主义自然观对与人之间构成对象性的感性自然界或"人类学的自然界"诉诸实践活动的理解的同时,也赋予它以社会历史的性质,认为这种"人类学的自然界","决不是某种开天辟地以来就已存在的、始终如一的东西,而是工业和社会状况的产物,是历史的产物,是世世代代活动的结果,其中每一代都在前一代所达到的基础上继续发展前一代的工业和交往方式,并随着需要的改变而改变它的社会制度。"①

在人的实践活动的基础上生成的感性自然界,虽然具有无可怀疑的感性确定性,但这种感性确定性"也只是由于社会发展、由于工业和商业交往才提供给他的。"这种感性确定性正像樱桃树与几乎所有的果树的感性确定性一样,只是由于"一定的社会在一定时期的"②商业活动才为人们提供的。即是说,我们对感性的自然界或自然物的理解不能仅仅诉诸纯客体的单纯直观,不能"把人对自然界的关系从历史中排除出去",感性的自然界或自然物是在社会与社会的历史中生成的,它是一种被社会与历史中介过或重塑过的感性确定性。

在人的实践活动的基础上生成的社会的与历史的感性自然界,与旧唯物主义者借助于纯客体的直观形式所看到的自然物,有着完全不同的价值与意义。"在人类历史中即在人类社会的产生过程中形成的自然界是人的现实的自然界"③,即"人类学的自然界"或这种"工业的历史和工业的已经产生的对象性的存在,是一本打开了的关于人的本质力量的书,是感性地摆在我们面前

① 《马克思恩格斯全集》第 3 卷,人民出版社 1960 年版,第 48—49 页。
② 《马克思恩格斯全集》第 3 卷,人民出版社 1960 年版,第 49 页。
③ 《马克思恩格斯全集》第 1 卷,人民出版社 1979 年版,第 128 页。

人的心理学"①。"真正的、人类学的自然界"是人自己书写的书,通过解读这本书,人不仅能清晰地反观到自己本质力量发展的现实,同时也为人理解人与自然界的统一关系提供了可能。自然界并不无条件地与人之间构成统一的关系,自然界进入人的实践活动的领域,从而与人之间构成统一的关系需以一定的社会历史条件作为基础与前提。人也只有在社会与历史中生成的"人类学的自然界"面前,即在他自己所写的书的面前,才能确立起自己的主体地位。

二、市民社会中人与自然的关系

马克思主义自然观是社会历史的自然观,因而从社会与自然关系把握人与自然关系是它的本质特征。但是,在人们把社会理解为自然的时候,为了把社会与自然区分开来,反而把社会与自然对立了起来,用社会取消自然,用社会关系取代人与自然关系。施密特曾批评卢卡奇用"社会吞噬自然"。施密特说,在卢卡奇看来,马克思的自然概念是一个社会的范畴,对自然概念的把握总是受社会制约的,这是符合马克思的理论实质的,但是,"自然不仅是一个社会的范畴",认为马克思也承认被人的劳动滤过的自然"基质"②。施密特看到这个问题,只是他没有找到正确的解决途径,他没有说明这个自然基质是怎样在社会中存在。所以,马克思的自然概念在他的理解中还是模糊的和摇摆不定的,他不能说清楚马克思的自然与社会关系思想,甚至怀疑马克思的自然观有"乌托邦意识"③。

自然与社会关系,从社会的发生学视角来看能够为解决这个问题提供有效的途径,也才能够理解马克思说的自然与社会关系的理论本质,理解马克思说的自然界在社会中的复活。从社会发生学的视角看,对自然与社会关系的理解,不能撇开人与自然关系而只看人与社会关系,而要说明这两种关系的关键是自然在社会中怎样存在。从发生学视角看,社会不是从来就存在,正像人不是从来就存在,人生产社会和社会生产人是同一个历史过程。

不同的社会形式中,人与自然关系的存在不同,考察社会与自然的关系要

---

① 《马克思恩格斯全集》第 42 卷,人民出版社 1979 年版,第 127 页。
② [德]A.施密特:《马克思的自然概念》,吴仲昉译,商务印书馆 1988 年版,第 66—67 页,第 135—136 页。
③ [德]A.施密特:《马克思的自然概念》,吴仲昉译,商务印书馆 1988 年版,第 66—67 页,第 135—136 页。

从社会的历史存在的现实出发。卢卡奇看到资本主义社会的自然观与封建社会中的自然观不可能相同,因为它们的人与自然关系不同。"在封建社会中,人还不可能看到自己是社会的存在物,因为他的社会关系还主要是自然关系。"①在资产阶级社会,人与自然关系是自然界的真正复活的开始,人与自然关系不再抽象地存在,资本的活劳动的火焰笼罩了全部社会生活,资本生产的"普照的光"把人的活动中的人与自然关系照亮,自然界的抽象存在所产生的神秘性被社会关系的现实性和直接性消解。马克思说:"自然界的人的本质只有对社会的人来说才是存在的;因为只有在社会中,自然界对人说来才是人与人联系的纽带,才是他为别人的存在和别人为他的存在,才是人的现实的生活要素;只有在社会中,自然界才是人自己的人的存在的基础。只有在社会中,人的自然的存在对他说来才是他的人的存在,而自然界对他说来才成为人。因此,社会是人同自然界的完成了的本质的统一,是自然界的真正复活,是人的实现了的自然主义和自然界的实现了的人道主义。"②在前资本主义的历史中,社会还是"正在生成的社会",而资本主义社会才开始了"已经生成的社会"的历史,它虽然只是一个开始,但是在这种社会中看到了萌芽,"自然界的真正复活"也是从这种社会才得以理解的。

在资产阶级社会中,人与自然关系通过物与物的关系实现,本质上人与人化自然是对象性关系,是人化自然把人与人联系起来的。但是由于它以异化的方式存在,人化自然反而成了人的活动的外在条件。"商品的流通。它与产品的直接交换是截然不同的:一方面,打破了产品直接交换的个人的和地方的限制,促进了人类劳动的物质变换;另一方面,又可以看到,整个过程是依存于社会的自然联系,而这种联系是不以当事人为转移的。"③

这种外在关系实际上是本质关系,人化自然虽然不是以人的方式存在,但是它构成社会基础的作用仍然是一样的。"以交换价值和货币为媒介的交换,诚然以生产者相互间的全面依赖为前提,但同时又以生产者的私人利益完全隔离和社会分工为前提,而这种社会分工的统一和互相补充,仿佛是一种自

---

① [匈]卢卡奇:《历史与阶级意识》,杜章智、任立、燕宏远译,商务印书馆 1999 年版,第 70 页。

② 《马克思恩格斯全集》第 42 卷,人民出版社 1979 年版,第 122 页。

③ 《马克思恩格斯全集》第 16 卷,人民出版社 1964 年版,第 280—281 页。

然关系,存在于个人之外并且不以个人为转移。普遍的需求和供给互相产生的压力,促使毫不相干的人发生联系。"①社会把人"物化",就过滤掉了人的主观性,也过滤掉了各种各样的人性,因而人与人的关系变成了物与物的关系,而这个"物"本质是人化自然。"毫不相干的个人之间的互相的和全面的依赖,构成他们的社会联系。"②每个个人的存在是通过物而实现的,因而不是人的直接存在。而物首先是经济的存在,人通过物而成为人,"每个个人以物的形式占有社会权力。"③这就是"资产阶级社会条件下社会关系的物化。"④正是这种物化,在人与自然关系上发生了错位。

第四节 生态价值的自然

马克思主义自然观实际上是一种生态价值的自然观,内含着丰富的生态学的见解。早在 1844 年,马克思就把他的理想社会界定为人与自然和谐统一的共产主义社会。共产主义是"人与自然之间,人与人之间的矛盾的真正解决","共产主义,作为完成了的自然主义,等于人道主义;而作为完成了的人道主义,等于自然主义"。因而,从根本上来说,马克思主义自然观也是自然主义、人道主义、共产主义"三位一体"的生态价值的自然观。这种自然观在肯定人与自然之间存在着满足与被满足、需要与被需要的价值关系的基础上,强调人在能动地利用和改造自然时,要摆正自己在自然界中的地位,培养对大自然的"敬畏感",尊重自然的价值。这样,人类才能做到对自然价值的合理利用与保护,达到人与自然"物我两旺"的目的。

一、自然界是人的无机身体

自然界为人类生活提供物质前提和客观基础。没有自然生态环境,人类就无法生存。正如马克思所说:"没有自然界,没有感性的外部世界,工人就什么也不能创造。"⑤马克思把自然界理解为人的"无机的身体",即"人为了

---

① 《马克思恩格斯全集》第 46 卷上册,人民出版社 1979 年版,第 104 页。
② 《马克思恩格斯全集》第 46 卷上册,人民出版社 1979 年版,第 103 页。
③ 《马克思恩格斯全集》第 46 卷上册,人民出版社 1979 年版,第 104 页。
④ 《马克思恩格斯全集》第 46 卷上册,人民出版社 1979 年版,第 106 页。
⑤ 《马克思恩格斯全集》第 42 卷,人民出版社 1979 年版,第 92 页。

不致死亡而必须与之不断交往的、人的身体"①。在社会物质生活方面，"人在肉体上只有靠这些自然产品才能生活，不管这些产品是以食物、燃料、衣着的形式还是以住房等等的形式表现出来。"②在社会精神生活方面，自然界同样也是人的精神的无机界，自然界中的一切，"都是人的意识的一部分，是人的精神的无机界，是人必须事先进行加工以便享用和消化的精神食粮"③。恩格斯在《自然辩证法》中也强调指出："我们连同我们的肉、血和头脑都是属于自然界，存在于自然界的"④。自然界在漫长的进化过程中，不仅形成了人这一生命体，还为人的生存和发展提供了各种物质、能量和信息。没有自然界这一母体，就没有人类的形成，也就不会有人的生存与发展。

自然界是人类赖以生存和发展的基础。人和其他生物一样，是自然界非生命物质向生命物质长期发展和转化的产物。地球在形成过程中，出现了水圈、大气圈和岩石圈，它们给生命的产生和生物的发展创造了条件，因此在地球上才能够出现生命，尔后又不断分化。在距今 400 万年左右，从哺乳动物中发展起来一种类人猿，人就是这种类人猿进化形成的。在这个转化过程中，生活环境的变化有重要作用。也就是说正是由于生活环境的变化，特别是由于改造环境的劳动，使手脚分化，直立行走。随着手的变化，身体其他部分也相应地发生了改变。并且在劳动中产生了语言，而后劳动和语言一起又推动了作为人的思维意识器官的大脑的产生。由此可见，人同人的思维意识器官的机制都是自然界高度发展的产物，是自然界孕育了人类。这是从人的产生方面说明了人对自然的依赖关系。

自然界孕育出人类之后，就开始哺育人类。地球上的无机物、有机物、低等生物和高等动物之间进行规律性的物质和能量的转换，为人类提供繁衍生息所需要的各种自然资源。维持人类生存的自然资源包括：生态资源（又称为恒定资料），如太阳辐射、气温、水分等；生物资源，如森林、草原、鸟兽鱼虫、菌类等动植物；矿物资源，如煤、铁、石油等各种矿藏。人类正是依赖自然界所提供的各种自然资源来维持自己的生存，这种维持是通过劳动来从自然界中

---

① 《马克思恩格斯全集》第 42 卷，人民出版社 1979 年版，第 95 页。
② 《马克思恩格斯全集》第 42 卷，人民出版社 1979 年版，第 95 页。
③ 《马克思恩格斯全集》第 42 卷，人民出版社 1979 年版，第 95 页。
④ 《马克思恩格斯全集》第 20 卷，人民出版社 1971 年版，第 519 页。

获得必要的生活资料和能量的。如果没有自然资源,人类就难以生存下去,更谈不上它的繁衍和发展。但是,人不能离开社会而存在,所以从满足需要的资源来说,除依靠自然以外,还需要依赖社会资源,其中包括劳动力资源、智力资源、技术资源、经济资源等。

"人靠自然界生活"①,决定了人类永远不可能超出自然界而存在。人靠自然界生活决定了人的生命活动的一切方面都必须不断地与自然界进行"物质交换",生命活动是物质的一种存在方式。所谓生命活动,即是一个种维持自己肉体生存的活动。种的生命活动,是一个种的类特性的基础,种的生命活动的性质是决定种的其他特性的基因,种的一切其他的特性都是由种的生命活动的性质所决定与派生出来的。人和动物一样,都需要一定的生活资料来维持自己的肉体生存。在这一点上,人与动物没有什么不同,都要依赖于自然界获得生存资料。如果说有什么不同的话,那也只是在于,人维持自己肉体生存的生活资料具有多样性与广泛性的特征。

人和动物根本性的不同在于二者在获取维持自己肉体生存所需的生活资料的方式,或者说生命活动方式存在着本质性差别。动物维持自己肉体所需的生活资料来自自然界的天然供给,动物的需求不能超越这个天然的界限,虽然动物所需的生活资料也需要依靠自己的活动去获得满足,但动物的活动方式与活动能力都产生于对自然环境与条件的适应,具有本能的性质。从根本上说,动物的生命活动的能力与方式纯属于自然的给予。

然而,人的生命活动却是以人的类本质为内涵的,"一个种的全部特性、种的类特性就在于生命活动的性质,而人的类特性恰恰就是自由的自觉的活动。"②人的生命活动不同于动物的生命活动,人的生命活动内容表现在一切活动上。虽然人与动物在本能活动上没有区别,但是人之所以为人是因为他能够对本能活动进行改造,正是这种改造的结果使人的活动获得了人的类本质规定。"动物和它的生命活动是直接同一的。动物不把自己同自己的生命活动区别开来。它就是这种生命活动。人则使自己的生命活动本身变成自己的意志和意识的对象。他的生命活动是有意识的。这不是人与之直接融为一

---

① 《马克思恩格斯全集》第 42 卷,人民出版社 1979 年版,第 95 页。
② 《马克思恩格斯全集》第 42 卷,人民出版社 1979 年版,第 96 页。

体的那种规定性。有意识的生命活动把人同动物的生命活动直接区别开来。正是由于这一点,人才是类存在物。或者说,正因为人是类存在物,他才是有意识的存在物,也就是说,他自己的生活对他是对象。仅仅由于这一点,他的活动才是自由的活动。"①

马克思说人和动物都有生产,但是人用劳动生产,动物靠本能活动生产。可见,人和动物的区别、人的生产和动物的生产的区别,根源在生命活动的类本质不同,也就是说人的生产是劳动生产。因此,人同自然界的关系也是人同自身的关系,人改变自身的本能活动,使这种活动成为"有意识的生命活动",即"自由的活动"(首先是生产劳动),从而把人的活动同动物的活动区别开来。

二、人对自然的能动利用和改造

人与其他生物虽然都是从自然界分化产生出来的,都是自然界的存在物,但在与自然的关系上,人和其他生物存在着明显的区别。人既要依赖于自然,又可以积极能动地作用于自然,改变自然,创造适应自己需要的自然环境。

人类依赖自然界,从所处的自然条件中获取必要的物质生活资料和能量来维持自己的生存和发展,这是自然界对人的作用。但是,我们在承认自然界对人类作用的同时,还必须承认人类对自然界的能动的反作用。恩格斯曾经这样批评自然主义的历史观,他说:"自然主义的历史观(例如,德莱柏和其他一些自然科学家都或多或少有这种见解)是片面的,它认为只是自然界作用于人,只是自然条件到处在决定人的历史发展,它忘记了人也反作用于自然界,改变自然界,为自己创造新的生存条件。"②这就是说,只承认自然界对人的作用,不承认人对自然界的反作用,将导致自然主义的历史观。人对自然界的反作用主要表现在认识自然和改造自然这两个方面。

人对自然的认识,不仅能认识自然现象,而且能认识自然界的本质和规律,克服一切生物、直到高等动物对自然界反映的片面性和肤浅性(如高级灵长类中的猕猴是永远也学不会牛顿定律的),因为人不仅以感性形象,而且以抽象的语言概念为反映形式,从而达到了从现象到本质地掌握客观世界本来

① 《马克思恩格斯全集》第42卷,人民出版社1979年版,第96页。
② 《马克思恩格斯全集》第20卷,人民出版社1971年版,第574页。

面目的程度(当然也有一个过程)。对此,列宁曾深刻地指出,对人的意识来说,世界上只有尚未认识之物,而没有不能认识之物。

人不仅能认识自然现象和自然界的本质及规律,而且能改造自然。人类对自然界的改造是通过生产劳动进行的,而真正的劳动又是从制造工具和使用工具开始的。这就是说,人类是通过制造工具,并借助工具进行有目的、有意识的生产劳动,来改造自然的。人类这种有目的有意识地改造自然的生产劳动,远远超过了动物的本能活动,因而是人类所独有的特点。马克思说:"诚然,动物也生产。它也为自己营造巢穴或住所,如蜜蜂、海狸、蚂蚁等。但是动物只生产它自己或它的幼仔所直接需要的东西;动物的生产是片面的,而人的生产是全面的;动物只是在直接的肉体需要的支配下生产,而人甚至不受肉体需要的支配也进行生产,并且只有不受这种需要的支配时才进行真正的生产;动物只生产自身,而人再生产整个自然界;动物的产品直接同它的肉体相联系,而人则自由地对待自己的产品。动物只是按照它所属的那个种的尺度和需要来建造,而人却懂得按照任何一个种的尺度来进行生产,并且懂得怎样处处都把内在的尺度运用到对象上去;因此,人也按照美的规律来建造。"①因此,只有人才可以给自然界打上自己的印记,因为他们不仅变更了植物和动物的位置,而且也改变了植物和动物本身,使他们活动的结果只能和地球上的普遍死亡一起消失。从马克思和恩格斯的论述中,可以清楚地认识到:动物的生产,是和自身肉体生存直接相联的狭隘的适应性生产,它们的生产和产物与它们自身一样,都属于自然界的一部分;而人的生产则截然不同,它是离开狭隘生存的改造性生产,其活动对象是自然界,其产物是"再生产"出新的"整个自然界"。这一点是任何动物都不能做到的。而造成这种差别的根本原因就在于,人能够制造工具和使用工具,动物则不能。诚然,动物也表现出某些"制造""使用工具"的能力,但这种"制造"却不能使用中介物,而所谓"使用工具",一般说来,也只是使用自己的躯体。

人之所以能够有目的、有意识地能动地进行生产劳动,是因为人能认识自然的本质及其规律。因此,人在从事具体的生产劳动之前,能够确定目标,规定一定的活动程序和方式、方法,并能预见其活动的结果,以达到预定的目的。

---

① 《马克思恩格斯全集》第42卷,人民出版社1979年版,第96—97页。

所以,恩格斯说:"人离开动物愈远,他们对自然界的作用就愈带有经过思考的、有计划的、向着一定的和事先知道的目标前进的特征。"①这说明这种自觉能动性也是人区别于动物的本质特点。正是这个特点,使人类随着对自然规律的不断掌握和运用,对自然界施加的反作用手段也不断增加。这样,人类便一天天学会预见自己的行为对自然界所引起的比较近和比较远的影响。从而人在自然界的面前具有巨大的能动作用,他们在控制、调节和改造自然的进程中取得一个又一个的胜利。然而,动物却做不到这一点,动物的活动在本质上只受本能的支配,是无意识的、不自觉的活动。如蜜蜂造房、蜘蛛结网等,尽管其本领使人间的建筑师望尘莫及,但却属于动物无意识的本能表现。

虽然人和其他生物在与自然的关系上存在着上述本质差别,但也存在着一致的方面。正如马克思所说的:"人作为自然的、肉体的、感性的、对象性的存在物,和动植物一样,是受动的、受制约的和受限制的存在物"②。这就是说,人的生产活动虽然能改变自然,使自然适应自己的生存,但是,由于人和其他生物一样,是受动的、受制约和受限制的自然存在物,因而也必须适应自然。因此,人对自然的能动的反作用不能违背客观的自然规律。如果人们只强调改变自然,过分地要求自然来适应人类自身,忽视人首先应该顺应自然,就会遭到自然界的报复,这也是不以人的主观意志为转移的客观规律。总之,人对自然的反作用具有两重性:当人类按照自然规律去利用和改造自然时,他们就是大自然链条中的建设者;当他们违背自然规律去利用和改造自然时,就是大自然链条中的破坏者。

---

① 《马克思恩格斯全集》第 20 卷,人民出版社 1971 年版,第 517 页。
② 《马克思恩格斯全集》第 42 卷,人民出版社 1979 年版,第 167 页。

第三章　马克思主义自然观的生态文明蕴含

生态是生物之间以及生物与环境之间的相互关系与存在状态。生态文明是指人们在利用和改造自然界的过程中,以高度发展的生产力作为物质基础,以人与自然和谐共生为核心理念,以改善和优化人与自然的关系为根本目标,进行实践探索所取得的全部成果。生态文明反映的是人与自然之间的和谐程度。我国生态文明建设的总体要求是树立尊重自然、顺应自然、保护自然的生态文明理念,把生态文明建设放在突出地位,融入经济建设、政治建设、文化建设、社会建设各方面和全过程,努力建设美丽中国,实现中华民族永续发展。

第一节　人与自然关系的历史形态和未来走向

人与自然的关系问题是长期以来人们在实践过程中必须正确解决的问题,随着人类社会的发展,人类的实践范围日益扩大,人与自然关系的问题逐渐成为人类关注的焦点,人与自然和谐相处也显得越来越重要。人类要在地球上更好的生存,必须正确处理好人与自然的关系,做到人与自然和谐相处。

一、人与自然关系的历史演变

人类自产生以来,就在实践中不断深化人与自然关系的认识。早在中国传统文化中就有"天人合一""物我合一"的思想,随着人类实践的深入,人类关于人与自然关系的认识也在经历一个逐步探索的过程。人类社会发展至今,大致经历了原始文明时期、农业文明时期、工业文明时期,与之相对应,人与自然关系也由此发生了一系列的变化。

1. 敬畏自然、崇拜自然

原始文明时期经历了上百万年。起初,人类刚从自然界的母体分离出来,生产力水平极其低下,力量非常弱小,不具备改造和控制自然的能力,只能依赖服从自然,受自然主宰,在蒙昧状态下与自然同一。由此,人类就以狩猎和采集作为最基本实践方式,并通过游牧维持生存,呈现一幅"逐水草而居"的原始图景。此时,人类的生存完全依靠自然的馈赠,是"纯粹自然形成的组成部分",在自然界面前几乎无能为力,人类像牲畜一样,服从自然界的权力。而此时的自然界也并非人类平静的、和谐的伙伴,人与自然的关系并不和谐。在此对立关系中,自然界是绝对的主导方面,人类则是完全被动的存在,近乎自愿地敬畏与服从自然。正如马克思所说:"自然界起初是作为一种完全异己的、有无限威力的和不可制服的力量与人们对立的,人们同它的关系完全像动物同它的关系一样,人们就像牲畜一样服从它的权力,因而,这是对自然界的一种纯粹动物式的意识(自然宗教)。"①

　　人类刚刚从动物中升华出来,还残存着一些动物的自然性质,并不能够把自己与周围的自然界分离开来,在大自然面前如同牲畜一般仰仗自然,对自然界怀有恐惧和崇拜,因而产生了敬畏自然、神化自然、崇拜自然的观念,并就此形成万物有灵论的思想。然而,原始人类对自然的深切敬畏并未换来自然的仁慈相待,洪水、干旱、猛兽及食物的匮乏,是人类需要时常面对的生存威胁,频繁迁徙则几乎是他们唯一的求生途径。总之,在上百万年的原始时期,尽管气候、地理等自然条件的变化,促使人类踏上了前所未有的演化之路。但此时人类对环境的反作用却微不足道,自然界的自我恢复能力使有限区域性内的环境问题,远不足以形成对整个自然的重大影响,人类也几乎意识不到自身实践活动对自然的改造作用。因此,在原始文明时期,人与自然是蒙昧状态下的统一关系。

　　2. 依赖自然、顺应自然

　　进入农业文明时期,生产力有了一定的发展,青铜器、铁器开始出现,人类依赖自然的程度有所减弱,但还没有完全摆脱对自然界的神话崇拜。同时,人类适应自然的状态由被动变为主动,能动性也逐渐增强。人类改造自然的能力不断增强和加深,在原始狩猎和采集的基础上产生了以耕种与驯养技术为主的农业生产方式,形成了基本自给自足的生活方式以及以大家庭和村落为

---

　　① 《马克思恩格斯全集》第3卷,人民出版社1960年版,第35页。

主的社会组织形式。

随着实践的发展,人类活动范围不断扩展,开始进行一些农作物的栽培,并探索驯养动物,不断推进农业和畜牧业的发展。随后又出现了铁器和农具,人们开始把自然提供给人类生存的条件进行改造以谋取物质生活资料,这时"劳动的主要客观条件并不是劳动的产物,而是自然"①,"土地本身,无论它的耕作、它的实际占有会有多大障碍,也并不妨碍把它当作活的个体的无机自然,当作他的工作场所"②,人类认识到土地等自然资源的重要性,把自然作为人的无机身体的一部分,改造并影响自然,并逐渐扩大了人化自然的范围,促进了农业文明的发展和进步。但在农业文明发展过程中,人类慢慢主动适应自然,人类的繁殖能力不断增强,人口也开始逐步增长。人口的增长使人类开始过度开发利用土地,出现了过度开垦与砍伐等现象。特别是为了争夺水土资源,不同的部落或种族之间频繁发动战争,使得人与自然关系出现了局部性和阶段性紧张。这一时期,虽然生产力的发展逐步改变了人类对自然界的依附地位,但是生产力发展是有限的,人类依然没有足够强大的力量与自然界抗争,对自然界的认识还处于感性直观的阶段,人类在对自然改造的同时,虽然也受到了一定的惩罚,但并没有触及人类生存和发展的根本,也不足以对地球产生威胁,人与自然的关系是总体和谐中开始出现较小范围的对抗。

3. 征服自然、改造自然

三百多年前,人类的生产力得到巨大的发展,机器大生产开始取代手工劳动,人类进入了用科学技术改造和控制自然的工业文明时代,工业文明时期特别是资本主义生产方式确立后,科技不断地进步,人类开始创造巨大的物质财富,正如马克思所说:"资产阶级争得自己的阶级统治地位还不到一百年,它所造成的生产力却比过去世世代代总共造成的生产力还要大,还要多。"③生产力的发展给人类带来巨大财富的同时也促使人类改造自然能力的增强,人类对自然界的观念和行为也开始发生了变革,人类不再视大自然为神秘莫测的崇拜对象,开始形成了主宰自然、奴役自然、支配自然的思想,正如马克思所说:"现代自然科学和现代工业一起变革了整个自然界,结束了人们对于自然

---

① 《马克思恩格斯全集》第46卷上册,人民出版社1979年版,第483页。
② 《马克思恩格斯全集》第46卷上册,人民出版社1979年版,第475页。
③ 《马克思恩格斯全集》第4卷,人民出版社1958年版,第471页。

界的幼稚态度和其他的幼稚行为"①。资本主义生产方式的确立,资本的本性激发着人们永不满足的欲望。为了加速资本主义财富的增殖,人类开始信奉"人是'万物之灵',是'万物的尺度'""人是自然的主人"的信条。为了满足资本增殖的无限度诉求,人们利用科学技术对自然界大肆地、无限度地开发和索取,对其进行疯狂的掠夺。在"向大自然宣战""以人类为中心""人定胜天"等观念的主导下,人类理直气壮向自然发号施令。人类借助科学技术,大举向自然进攻和索取,不仅对当时的自然过度开发,还肆无忌惮地预支未来的自然,从而严重扰乱和破坏了整个地球生命的自然支持系统。人类的这一行为带来的并不是财富的无限增长和人类在自然界面前的最终胜利,而是人类生存基础的逐渐丧失。自然对人类的支撑能力越来越弱,最终导致自然生态的严重破坏:森林面积逐渐减小、沙漠化程度越来越严重、空气质量不断下降、水污染程度愈益严重、人居环境不断恶化,使人与自然关系日益紧张,最终引发严重的生态危机。

总之,人类社会发展到今天,人与自然关系逐步紧张,完全是人在实践过程中缺乏保护自然的观念和行为所导致的。

二、人与自然关系的异化现实

人类社会是自然界的一部分,自然界是人的无机的身体。人与自然本质上是和谐统一的。然而,近代以来,随着资本主义生产方式的确立,生产力极大发展,人类在生产实践中以人类中心主义为指导去实现自己永不满足的欲望,对自然无限地索取和掠夺,导致自然承受力的限度与人类欲望的无节制的矛盾愈演愈烈,人与自然关系冲突加剧。因此,人类为了生存和发展,必须正确认识和处理人与自然的关系。

自然是人的无机身体,人是自然界的一部分。人与自然的关系应该是和谐共生的。但是自工业文明时期以来,人与自然的紧张关系日益凸显。马克思在《1844年经济学哲学手稿》中指出,资本主义社会的劳动异化是导致人与自然关系冲突的直接原因。

1. 劳动异化导致人与自然关系的对立

马克思在《1844年经济学哲学手稿》中论述了异化劳动理论,从四个方面

---

① 《马克思恩格斯全集》第7卷,人民出版社1959年版,第241页。

对异化劳动作了规定,蕴含着人与自然关系异化的思想。

首先,劳动者同劳动产品的异化。马克思认为,劳动是人的本质力量,人只有在劳动中才能确证自己的存在,其产品应该是人的本质力量的体现。但是在资本主义生产条件下,劳动产品却同劳动者相对立,工人生产的财富越多,他就越贫穷,劳动产品作为一种异己的力量同劳动相对立。同时,工人生产的对象越多,他能够占有的对象就越少,而且越受他的产品即资本的统治。也就是说,"工人同自己的劳动产品的关系就是同一个异己的对象的关系"①。实质上工人同劳动产品的异己关系就是工人同自然界的异己关系。因为自然界是人的无机的身体,自然界为人的生存和发展提供一切物质生活资料。因为异化劳动,工人从自然界中获取的越多,自然界提供给工人的越少,工人与自然之间原本的平衡关系被打破,工人这个实践主体也异化为受自然界压迫和奴役的对象化存在。

其次,劳动者同其劳动活动的异化。马克思认为,异化不仅表现在劳动结果上,而且表现在生产行为中。对劳动者来说,由于劳动产品的异化,生产本身就是一种异化的活动,是一种被强迫的活动,这种活动使工人失去掌握劳动过程的自由,劳动仅仅是为了维持肉体的生存,劳动纯粹成了一种仅仅为了生存的手段。劳动从人的内在需要变成了外在的、不属于他的本质的东西,不再是确证自己生命的活动,工人"在自己的劳动中不是肯定自己,而是否定自己,不是感到幸福,而是感到不幸,不是自由地发挥自己的体力和智力,而是使自己的肉体受折磨、精神遭摧残"②;劳动不再是人的需要,而是一种手段,不是自愿的,而是被迫的;劳动不属于劳动者自己,而是属于别人。这种异化的结果,就是工人丧失了自己的个性,工人在劳动过程中同自己的本质、自己的生命相异化。当劳动只作为一种生存工具和手段时,人也不能按照自然界的内在规律来改造自然,人与自然的关系也随之异化。

再次,劳动者同他的类本质的异化。马克思认为,人是"类存在物","人的本质并不是单个人所固有的抽象物,实际上,它是一切社会关系的总和"。③人是社会关系中的人,人的类本质就是人在实践过程中形成的社会关系,这是

① 《马克思恩格斯全集》第42卷,人民出版社1979年版,第91页。
② 《马克思恩格斯全集》第42卷,人民出版社1979年版,第93页。
③ 《马克思恩格斯全集》第3卷,人民出版社1960年版,第5页。

人与动物的根本区别。然而,在资本主义条件下,由于劳动异化,人的自我活动、自由活动的类本质就直接被贬低为维持肉体生存的手段,这与动物没有本质的区别。当人与类本质的关系异化时,人失去了类的本质属性,人如动物一样消极被动地适应自然,人的自由有意识的活动就成为一种掠夺的手段,自然界就完全沦为了人掠夺和征服的对象。

最后,马克思还阐述了人与人之间关系的异化。马克思认为,劳动产品和过程的异化,没有给无产阶级带来享受和欢乐,但给资产阶级带来了幸福和快乐。这样,生产中的人与人的这种物质关系就异化为资产阶级对无产阶级的剥削和压迫关系。资产阶级为了实现资本的增殖,不惜从自然界中掠夺一切可以用来加工成产品的原材料,满足资本无限的增殖,从而造成自然的破坏,人与自己劳动条件相异化。

马克思在《1844年经济学哲学手稿》中指出,异化劳动会随着资本主义私有制的结束而消亡。但现实表明,异化劳动有着历史的惯性,并不会立即消失。今天,在社会主义市场经济条件下,还存在多种所有制经济,还需要发挥资本的力量,以保证国民经济的顺利运行和效率提升,并且这还将是一个长期的过程。因此,社会主义市场经济条件下异化劳动的存在使人与自然关系的异化也会在一个相当长的时期内存在。

一直以来,人们只知道一味地向自然索取,为了眼前的经济利益肆意砍伐、焚烧、破坏、污染,给生态平衡带来了严重的影响,导致气候异常、厄尔尼诺、南北极冰川开始融化等现象的产生。

2. 消费异化导致人与自然关系的冲突

马克思在《1844年经济学哲学手稿》中阐述了异化劳动的理论,其中也蕴含着异化消费的思想。马克思认为,异化消费是伴随着资本主义雇佣劳动制产生的,与资本无休止地追逐利润相对应。异化消费有两层含义,一方面是指无产阶级的虚假消费,另一方面指资本家的过度消费。

消费有真实消费和虚假消费。在马克思看来,人的真实消费是能够促进人的全面发展、给人带来幸福享受的消费,人的虚假消费是阻碍人的全面发展、不能给人带来幸福和欢乐的消费。在资本主义制度下,无产阶级的消费无疑是一种虚假消费,资本满足工人的需要不是为了促进人的全面发展,而是为了资本的增殖。一方面,工人的消费是资本家控制下的消费,是不自由的。从表面上看工人的消费似乎是自由的，他可以消费也可以不消费，他可以现在消费也可以今后消费，他可以消费这种商品也可以消费那种商品，但实质上工人的消费受到资本的控制，是非常不自由的。工人通过剩余劳动时间的劳动，给资本家带来剩余价值，而只能得到自己在必要劳动时间内补偿劳动力的价值，仅仅能够维持自己的生存和发展，以延续自己的生命再为资本家创造剩余价值，因此，这种资本的无形控制让工人在消费中变得小心翼翼。另一方面，工人的消费并不是一种幸福消费。马克思认为真正的消费应该给人带来的是一种心灵和肉体的满足和幸福，而资本主义制度条件下，工人通过消费并不能给自己带来幸福，相反，带来的只是一种心灵的恐惧，这让他感觉劳动最终带来的消费不是幸福，而是痛苦，并且他消费得越多，他就越贫困，从而让工人变成了商品的奴隶。"人已经不再是人的奴隶，而变成了物的奴隶；人们的关系被彻底歪曲"①。

与工人不同，资本家的异化消费却是一种过度消费。在资本主义制度条件下，追求剩余价值是资本主义的绝对规律。资本主义社会的生产就是为了榨取工人的剩余价值。为了带来更多的剩余价值，资本家不断地追加投资，形成资本积累，最终导致资本有机构成的提高，社会两极分化日益严重。资本家财富的积累导致过度生产和过度消费，这要求从自然界不断掠夺和占有自然资源，这种无限追求超过了自然的承受范围，给自然环境带来了极大的破坏，带来了严重的生态危机，这一切更加剧了人们日益增长的需要与消费之间的矛盾和人与自然关系的恶化。另一方面，资本主义社会的过度生产，必然会导致产品在一定生产周期内积压的现象，为了刺激人们消费，资本家迎合消费者的心理对商品进行过度包装，商家通过虚假的包装外表来诱导消费者购买商品，这种过度的包装不仅浪费原材料，而且在运输的过程中也会消耗相当多的燃料，造成严重的环境问题。

由此可见，资本主义条件下的异化消费也是人与自然关系冲突的一个重要原因。当今社会主义社会异化消费并没有完全消失，社会主义社会中一部分人为了满足自己暂时的虚假需要，忽视自然界的客观规律，将自然作为一种异己的力量无限从中掠取，以致出现了今天的环境污染和生态破坏。

---

① 《马克思恩格斯全集》第 1 卷，人民出版社 1956 年版，第 664 页。

3.道德异化导致人与自然关系失衡

道德本来是净化人的灵魂、规范人的举止、协调人与人以及人与社会相互关系的行为准则。然而,在存在私有制的社会里,尤其是在资本主义条件下,道德却发生了异化,道德无视现实的是非善恶,道德异化表现为发展道德的初衷转化为道德逐步丧失的结果。马克思在《1844年经济学哲学手稿》中指出:资本主义私有制或资本关系是异化产生的根源。因此,异化在资本主义社会绝不是某一个方面或某一个领域的现象,而是全方位、成体系的社会问题。它不仅表现为劳动异化、消费异化,还表现为文化异化和道德异化。可以毫无质疑地说,道德异化是资本主义社会的必然现象。在社会主义初级阶段,虽然私有制不再是主导性的社会关系,但也存在着道德异化,它造成了道德的空洞化、虚伪化,出现了道德沦丧、人心冷漠等现象,产生了人与人以及人与社会关系的不和谐,进而导致人与自然关系失衡。

首先,道德异化造成人性的丧失。人的本质是以道德、情感、交往等为表现形式的社会关系。中华传统文化认为,人之所以区别于动物,就在于人有道德。因此,道德是人性得以提升和完善的必然要求。然而,在市场经济快速发展、科技不断进步、现代化进程不断加快的背景下,人们在享受社会带来的物质福利的同时,社会道德却逐步走向异化。人与人的社会关系逐步演化为对物的依赖关系,人们对物的依赖性增强,商品拜物教色彩不断增强,物对人的统治越来越强烈,人与人之间由"人的社会关系转化为物的社会关系"。人们的一切社会关系以交换价值为中心,一切社会交往都是以实现最大利益为目的。异化了的社会关系使人与人之间的关系发生了扭曲,交往纯粹变成了赤裸裸的获利工具和手段。资本的逐利本性使人类的物质欲望膨胀起来,在片面追求利益最大化的前提下,人类只能从自然界不断索取,最终造成自然的破坏。因此,道德异化、人性的丧失,使人类不能按照人内在的尺度和美的规律改造自然,致使人与自然关系失衡。

其次,道德异化导致人们价值观的迷失。价值观是基于人的一定的思维感官而作出的认知、理解、判断或抉择,也就是人判定善恶、辨别是非的一种思维取向。今天,可以看到,现实生活的道德异化使人们的价值观沦落到令人堪忧的地步。拜金主义、享乐主义与极端个人主义等错误思想给社会发展带来严重的危害:一些人缺乏社会责任感、个人行为严重失范,鬼迷心窍、钱迷心窍、色迷心窍,做人超越底线,做事突破红线;还有一些人,思想肮脏、灵魂扭曲、做人不知荣辱,做事不要人格。更有甚者,极少数共产党员不信马列信鬼神,他们丢弃了对马克思主义的信仰和对共产主义的信念,背弃了党的宗旨、优良作风与传统,由人民公仆变成了人民公敌,等等。在这些错误价值观的导引下,这些人为了谋取个人私利,满足自身对个人物质的追求而不惜以牺牲环境作为代价。

最后,道德异化导致人与自然关系的异化。生产力的发展、科技的进步、物质财富的增长并没有像人们期望的那样带来幸福,生活节奏的加快、生活压力的增大使人们逐步沦为物的奴隶、受物的统治。在物欲横流的今天,人们为了满足自己的无休止的物质需要,片面地去追求金钱和物质,错误地理解了人生的意义。在道德评价一度失准的情况下,物化变得不可避免。物化的结果是,人们执迷于物欲,失去对自身真实需要的关切,片面追求眼前利益,竭泽而渔,违背自然规律、非理性地开发自然,进而可能失去自己安身立命的根基。

三、人与自然的和谐共生

在纯粹的意义上,自然界以其固有的规律运动、变化和发展着,完全是一个"自然而然"的过程。自然界作为一个庞大而复杂的系统有其内在的运动规律,自然界的各组成要素都在维持物种多样性和生态系统平衡,并各自发挥着不同的作用。人类社会的发展同自然界的一切生命体或非生命体一样也是一个"自然过程"。人来源于、依赖于自然,自然是人生存和发展之母。人与自然、社会的发展与自然运动的协调是人生存发展的基本前提。因此,人类应该且必须处理好人自身与自然的关系,促进二者和谐发展。人与自然和谐发展的最根本、最终的力量来自人自身。在人类发展的历史进程中,人始终是社会历史发展的主体。为此,加强生态文明建设、实现人与自然的和谐发展,关键在于构建人与人的和谐的社会关系,促进人与人、人与社会的和谐发展。只有依靠人与人、人与社会的和谐发展,并确证人的本质力量,才能真正实现人与自然的和解,才能为人的生存发展提供永不枯竭的源泉和动力,人的生存与自然的运行才能协调统一,社会才能和谐发展。

人的实践,尤其是生产实践是联结人与自然的桥梁。人的社会历史性和实践的社会历史性不仅决定与人相联结的自然不再是一种无历史性的存在,而是一种历史的产物。"一切生产都是个人在一定社会形式中并借这种社会形式而进行的对自然的占有。"①只有在社会中,自然界才表现为它自己的属人的存在的基础,自然界的属人的本质只有对社会的人来说才是存在着的。马克思主义自然观与历史观是辩证统一的。马克思认为,通过实践的桥梁作用,自然与社会的关系是双向互动、同步同行的。自然影响社会的存在发展,社会改变自然、改造环境。自然状况变好或变坏,归根到底都是人类实践所引起的变化。19 世纪以来自然环境的急剧恶化就是人不合理、不科学的实践方式所引起的。相应地,自然环境的改善必然依赖于人类实践方式的生态学转向。

为此,恩格斯从人们之间的社会关系决定和影响着人们对自然的观念出发,提醒人类单纯追求人与自然关系的和谐是绝对不够的,还必须对直到目前为止的生产方式以及依靠这种生产方式而生存的整个社会制度实行完全的变革。因为,"人与人之间不同的关系所组成的社会,对人同自然的关系就不能不起着强有力的制约作用。这种制约作用主要表现在:由人与人之间不同的关系所决定的生产目的、由生产目的所决定的生产模式、由生产模式所决定的技术发展模式等等,对人和自然的关系起决定性影响,以至于如果我们不改变一定的人和人之间的关系,就不可能改变一定的人和自然之间的关系"②。在马克思看来,只有到了"代替那存在着阶级和阶级对立的资产阶级旧社会"的共产主义社会,人与自然的和谐才能得到真正的确立,自然主义与人道主义才能真正实现统一。只有在自由人联合体内,"人和自然之间、人和人之间矛盾"才能真正解决;"存在和本质、对象化和自我确证、自由和必然、个体和类之间的斗争"才能真正解决③。"社会是人同自然界的完成了的本质的统一,是自然界的真正复活,是人的实现了的自然主义和自然界的实现了的人道主义。"④

人与自然之间矛盾的和解是实现人的和谐发展的基础。因为良好的生态环境是人和社会持续发展的根本基础。优美、清洁、整齐、舒适的自然环境,对

---

① 《马克思恩格斯全集》第 46 卷上册,人民出版社 1979 年版,第 24 页。
② 孙道进:《环境伦理学的哲学困境》,中国社会科学出版社 2007 年版,第 102 页。
③ 《马克思恩格斯全集》第 42 卷,人民出版社 1979 年版,第 120 页。
④ 《马克思恩格斯全集》第 42 卷,人民出版社 1979 年版,第 122 页。

人的生存发展具有重要价值①。清洁的空气,洁净、富足的水源,富饶的矿物资源,鸟语花香的自然环境……这些都是构成人的美好幸福生活的内在因素。保护环境,促进人与自然的和谐统一,既关系到人类的生存发展,又关系非人类生命的繁衍;既关乎当代人类的切身利益和幸福生活,又关涉未来人类的福祉。人类宜居的自然环境是人的衣食之源,是社会的宝贵财富。因此,保护环境,尊重自然,协调人与自然的关系,就是保护人自身,就是维护人的生存、繁衍和社会的进步发展。"建设生态文明,是关系人民福祉、关乎民族未来的长远大计……必须树立尊重自然、顺应自然、保护自然的生态文明理念,把生态文明建设放在突出地位,融入经济建设、政治建设、文化建设、社会建设各方面和全过程"②。为此,人类必须在处理人与自然的关系上提出法律的、伦理的要求,确立相应的法律和道德,规范生产实践、社会活动和物质文化生活。人的实践活动与生活应当以不破坏自然的整体特性及其要素之间的相互依存关系为根本原则,树立和培育尊重自然、顺应自然、保护自然的生态文明理念,增强全人类的"节约意识、环保意识、生态意识,形成合理消费的社会风尚,营造爱护生态环境的良好风气",促进人与自然、人与社会的和谐发展。

人是自然界的一部分,人的实践活动是对象性的活动,人在对象性的活动中与自然界进行物质变换,自然界是人获取生存资料和创造生命材料的物质基础。"没有自然界,没有感性的外部世界",人"什么也不能创造",自然界就是人的无机的身体。从马克思的劳动异化理论可以看出,异化是造成人与自然关系冲突的根源。因此,要真正彻底地实现人与自然和谐统一,必须消除异化现象,实现人与自然的真正平等。只有实现"联合起来的生产者,将合理地调节他们和自然之间的物质变换,把它置于他们的共同控制之下"③的共产主义社会,这一切才能如愿。

共产主义社会消除了异化现象,人真正实现了向自己本质的复归。正如马克思所说:"共产主义是私有财产即人的自我异化的积极的扬弃,因而是通过人并且为了人而对人的本质的真正占有;因此,它是人向自身、向社会的

---

①　余谋昌、王耀先:《环境伦理学》,高等教育出版社 2004 年版,第 251 页。

②　胡锦涛:《坚定不移沿着中国特色社会主义道路前进　为全面建成小康社会而奋斗》,《人民日报》2012 年 11 月 18 日。

③　《马克思恩格斯全集》第 25 卷,人民出版社 1974 年版,第 926 页。

(即人的)人的复归,这种复归是完全的、自觉的而且保存了以往发展的全部财富的。这种共产主义,作为完成了的自然主义,等于人道主义,而作为完成了的人道主义,等于自然主义,它是人和自然之间、人和人之间的矛盾的真正解决"①。在这样的社会里,人实现人本质的复归,也就实现了自然界的复活,人能够实现人与自然之间的物质变换,合理地从自然界中获取人所需的生命资源,同时将自身在生产生活过程中所排放的废弃物归还自然,达到供养自然的目的。到那时,人与人实现了真正的平等,为人与自然的和谐平等创造了条件,人类会"像对待生命一样对待生态环境"。

共产主义社会也就是自由人联合体。这个联合体是一个劳动联合体,劳动"成为生活的第一需要",每个人得到全面的发展,"各个人自由发展为一切人自由发展的条件"②,"任何人都没有特定的活动范围,每个人都可以在任何部门内发展,社会调节着整个生产,因而使我有可能随我自己的心愿今天干这事,明天干那事,上午打猎,下午捕鱼,傍晚从事畜牧,晚饭后从事批判,但并不因此就使我成为一个猎人、渔夫、牧人或批判者。"③这使人们有足够的时间去思考人与自然的关系,从而在正确的观念指导下按照美的规律利用自然和改造自然。共产主义社会实现了人的解放,人与自然构成一个和谐统一的生命共同体。

第二节　唯物史观视域下的生态文明

生态文明是工业文明发展到一定阶段的产物,是超越工业文明的新型文明境界。生态文明并不是对工业文明的完全否定和遗弃,而是对工业文明的扬弃,是对以往的农业文明,现存的工业文明的优秀成果的继承和保存,同时更有超越。从农业文明经过工业文明,再到现在的生态文明,这是人类文明建设和发展的必然要求。

一、生态文明的提出

根据有关研究资料,苏联学术界在 1984 年最早使用了生态文明的概念。

---

① 《马克思恩格斯全集》第 42 卷,人民出版社 1979 年版,第 120 页。
② 《马克思恩格斯全集》第 4 卷,人民出版社 1958 年版,第 491 页。
③ 《马克思恩格斯全集》第 3 卷,人民出版社 1960 年版,第 37 页。

1987年我国生态学家叶谦吉先生首先使用了生态文明概念。在马克思主义历史观中，虽然并没有"生态文明"一词，但这并不能否定在他们的思想体系中有关于生态文明的思想。马克思主义生态文明思想，主要体现在两个方面，即人与自然之间的物质变换或者新陈代谢思想，以及人与自然社会的共同进化理念，也即可持续发展理念。在马克思主义历史观的视域中，生态文明实质上就是一种以实现人与自然、人与社会、自然与社会的和谐发展、可持续发展为目的的新的生产方式。因此，生态文明的历史诉求或历史使命就是要对到目前为止的一切生产方式进行批判与扬弃，就是要对迄今为止的一切旧有的生产方式以及依附于它上面的整个社会制度进行完全的变革，就必须扬弃与超越过去一切旧有的文明形态与文明形式，就必须处理好生产行为和自然与社会的关系，处理好人与自然的关系，处理好人的眼前利益与长远利益的关系，处理好当代人与后代人的关系，从而做到人与自然的健康有序发展，从而实现人、自然、社会三者之间的和谐发展、可持续发展。

生态文明的兴起和深入人心，与工业文明对自然环境、社会环境的破坏有着十分密切的关系。它是对工业文明的一种反思与批判，是一种以可持续发展为核心理念的文明形式。虽然在马克思、恩格斯的著作中没有提出生态文明思想，但在马克思主义历史观中有着较为丰富的生态文明思想内容。

一谈到"生态文明"这一范畴，就必然牵扯到"生态学"以及"文明"这两个概念。"文明"的概念相对于"生态学"的概念而言早就有之。在黄楠森先生等主编的《新编哲学大辞典》中对文明的解释是指"人类社会的进步和开化状态。它既是人类历史发展的产物，又是衡量和表现社会进步程度的标志。""人类创造的文明，包括物质文明和精神文明。物质文明是人类改造自然界的物质成果的总和，它表现为生产力的状况、生产规模、社会物质财富积累的程度、人们物质生活的改善等等。精神文明是人类改造客观世界和主观世界的精神成果的总和。它表现为教育、科学、文化知识的发达和社会政治思想、道德风貌、社会风尚以及民主发展水平的提高。社会的改造和进步最终都以物质文明和精神文明的发展而体现出来。"①

---

① 黄楠森等主编：《新编哲学大辞典》，山西教育出版社1993年版，第210—211页。

　　"生态文明"的概念,只有"生态学"获得了一定的发展,才会有可能产生。对于"生态学"这一词而言,马克思、恩格斯并不是陌生的,甚至可以说是十分熟悉的,他们很有可能是第一批熟悉与认识这一新概念的人。"生态学"这个新概念,是由德国学者恩斯特·海克尔于 1866 年首先提出来的。海克尔在他的《普遍有机体形态学》中第一次使用了"生态学"(Ecology)这一新词汇,贴切一点的说应该是创造了这一概念。

　　在创始人海克尔那里,生态学指的是关于自然经济学的知识体系,是自然历史的主要内容。在海克尔看来,生态学不仅研究自然界中的各种生存斗争之间关系,还从自然经济学的角度来研究这种关系,因此生态学是一个具有经济学范畴性质的概念。显然对于此时正热衷于物质利益与经济学研究的马克思、恩格斯而言,这种具有创新性的经济思想必定会引起他们的注意,虽然在他们的著作中,不曾使用一个生态学或生态的词汇。再加上马克思、恩格斯本身就很关注自然历史,他们在对一切旧唯物主义的自然观的批判中,形成了社会历史的自然观。即在对感性自然界的理解上不能像自然科学家那样,对自然赋予直观的理解,而是要诉求于实践的把握与理解,也就是要从人的实践活动来理解与认识自然,注重自然的社会历史性。但作为在学术上具有严谨态度的他们来说,不直接采用这一刚刚出生的新名词,这也是在情理之中的。这也是解释为什么在他们的著作中没有出现"生态学"这个词汇的一个较为合理的解说。虽然在他们的著作中没有出现这个词汇,但这并不代表他们没有接受这一新概念的所蕴含的新思想、新理念。

　　对于马克思、恩格斯是否真的熟悉海克尔的作品,还可以通过他们的著作中的相关表述来加以证明。如恩格斯在《反杜林论》以及《自然辩证法》中就多次提到海克尔的观点与思想。对于海克尔的思想,不仅恩格斯熟悉,马克思也是同样如此。在 1868 年 11 月致恩格斯的一封信中,马克思同样提到了海克尔的作品。

　　马克思、恩格斯对海克尔著作的熟悉程度,正如美国生态学的马克思主义者约翰·贝拉米·福斯特所说的那样:"马克思和恩格斯——他们非常熟悉海克尔的著作,他们运用进化论的观点把人类看作动物界的一部分(拒接了那种把人类看成是世界中心的目的论观点)——后来采纳了自然历史(正如海克尔所说,这一概念是他所创造的'生态学'这个新词的同义词)……即把人类的自然历史集中在与生产的关系上。"①对于人的实践活动或说生产活动与自然是怎样一种关系的思想，在马克思的《1844年经济学哲学手稿》中就很深刻地论述过。因此，海克尔的生态学思想或说自然历史的理论，对于马克思、恩格斯而言，不但不会觉得陌生，反而似曾相识，只是他们在采用海克尔的生态学思想时，用的是一个较为成熟的概念——"自然历史"，而不是一个新诞生的范畴——"生态学"，并且强调要从人的生产活动劳动实践中去考察自然历史。这样的自然历史，事实上与马克思的感性自然界是同一个概念，只是表述的方式有所不同而已。马克思、恩格斯之所以不使用"生态学"一词，更为主要的是因为马克思、恩格斯对自然历史的认识比海克尔更为深刻的多。海克尔作为一名自然科学家，他对自然以及自然历史的把握，直观的理解会大于实践的把握，因此，他不可能从工业史与商业史的角度来看待自然以及自然历史。而在马克思主义经典作家看来，感性外部世界，也即感性的自然界，决不是某种开天辟地以来就直接存在的始终如一的东西，而是工业和社会状况的产物，是历史的产物，是世世代代活动的结果。

　　生态环境危机对人类生存发展威胁的日益加剧，推动着人们更加深入地思考人类文明的未来走向、探讨生态文明等理论问题。对于如何界定生态文明，近年来中国学者提出了十几种概括，但核心思想都离不开人类在改造利用自然的同时要积极改善和优化人与自然的关系，建立良好的生态环境。关于如何看待生态文明在人类文明中的地位，学者们也有不同看法。目前国内外学者在阐述生态文明时有以下几种维度：一是从文明的构成成分上，从共时性角度把生态文明理解为与物质文明、政治文明、精神文明以及社会文明等并列的一种新的文明成分；二是从文明发展的历史形态上，把生态文明理解为是继农业文明、工业文明之后一种新的文明形态；三是把生态文明说成是人类一产生就由人生成和创造的文明成果，或者说生态文明是相伴人类文明始终的；四是生态文明并不是一种超越工业文明的新的文明形态，它不过是一种生态化的工业文明，也可以说是使现有的工业文明生态化。

　　从目前的研究成果来看，更多的研究者认为生态文明是工业文明发展到

　　① ［美］约翰·贝拉米·福斯特：《马克思的生态学：唯物主义与自然》，刘仁胜等译，高等教育出版社2006年版，第218页。

一定阶段的产物,是实现人与自然和谐发展的新要求,是人类社会进步的重大成果。这是因为,虽然原始文明、农业文明中包含着某些生态文明的元素,但只是自发的、零碎的生态文明。对自觉的生态文明来讲,仅有"天人合一"这样的哲学观念是不够的,还必须用现代科技手段,依靠工业文明已有的物质基础和完善的市场机制,自觉地转变生产生活方式,自觉地运用生态科学的协同统一性原理维护人与自然能量交换的大体平衡,构建人与自然的和谐。

二、生态文明是工业文明发展到一定阶段的产物

文明的产生是自然环境与社会环境互相选择的结果,文明的发展是人类通过不断改变生产方式推动的。在当代,现代工业文明的进一步发展正伴随着自然环境的进一步恶化。工业文明过度,超越现代工业文明已成为历史发展的大势所趋,生态文明就是在这样的历史背景与社会环境之下进入了历史的视野与民众的头脑。通常,农业文明和工业文明发展过度,都会出现人与自然的尖锐矛盾而迫使人类转变生存方式,而每一次转变都能在一定时期内有效缓解人与自然的紧张对立,使人类得到持续生存和繁衍。

人类的前文明时代是蒙昧和野蛮的,在人类初始的漫长世纪中,人类完全是依靠从生态系统中取得的天然生活资料维持生存,如采集野果和捕捉昆虫,用简单的石器等工具猎杀野兽。与强大的自然资源相比,这种活动对大自然的影响是微不足道的。在前文明时代,人仅仅是自然生态系统中的普通成员,食物链中的一个普通环节。虽然原始人与生态系统中的其他生物及其环境也存在着矛盾,比如,由于火的发明和生产工具的改进大大加强了采集、狩猎等活动的能力和影响,这就有可能使某些动、植物资源由于过度消耗,再生能力受到损害,甚至造成食物链环的缺损,但这种矛盾从根本上说,属于生态系统内部的矛盾,表现为一种自然生态过程。

传统农业的出现标志着人类历史从野蛮时代发展到农业文明时代。随着传统农业的出现,开启了人类对自然系统大规模的利用和改造,人与自然相互作用的方式发生了变化。与原始农业只将种子撒在地里,任其自然生长不同,传统农业既种地,又养地,人类开始利用农业技术,开发农业资源。虽然传统农业社会中人对自然依然处于被动地位,其技术结构和自然系统之间没有必然的冲突,但也不是什么问题都没有,最直接的问题就是土地不合理使用造成土壤侵蚀和土地退化,社会承灾、抗灾能力低下,人类遭受各种自然灾害的肆虐等等。

工业文明是以工业化的实现为前提条件的,到 18 世纪中叶,蒸汽和机器引起了工业生产的革命,这不仅是生产技术和生产力的革命,而且是生产关系的一次重大变革。英国是工业革命的先驱,继英国之后,法国、德国、美国、俄国以及后来的日本,都在 19 世纪陆续进行产业革命,先后进入工业社会。这标志着人类文明形态开始由传统的农业文明走向工业文明。工业的兴起,彻底改变了农业社会人与自然的相互作用方式,对人与自然关系的变化产生了重大影响。这主要体现在三个方面:第一,生产力的高度发展和人口的快速增长,使人类社会对生态系统的要求急剧增加,而具有强烈周期性变化规律的可再生能源和资源不能完全满足它的要求。第二,随着工业文明和科学技术的进步,人类干预自然,将自然资源变换为自己所需要的物质资料的能力和手段也日新月异,大量合成出来的新物质改变了地球生态环境。第三,在为满足经济增长而从生态系统输出大量物质能量的同时,工业生产过程中的剩余物也随着生产规模的不断扩大而成正比地增加。这些工业剩余物绝大部分作为废弃物直接排入生态系统,从而污染了生态环境。

过度的工业文明不仅严重破坏了人类赖以生存的自然环境,还使人类自身的社会环境受到了伤害和冲击。对于文明是否过度,法国思想家卢梭应该是第一个在理论上对此有所深刻反省认识的人,卢梭对人类文明发展所表现出来的悲观论调,在某种意义上可以说是其对资产阶级文明发展过度与异化的一种清醒认识与历史反思。正是因为卢梭看到了资产阶级文明发展过度的现象,看到了资产阶级的工业文明对人的本真精神与道德的扭曲与摧残,看到了资产阶级文明的发展所导致的社会中人和人之间的不平等,从而使得卢梭对人类文明的发展与前景感到悲观与失望,进而认为人类社会应该返回到前文明时代,也即人类社会的自然状态,以便摆脱使人的自然本性被蒙蔽与玷污的人类社会的"野蛮的文明社会"阶段。卢梭的文明悲观论以及自然状态思想,固然带有浓烈的浪漫主义情结,但其思想仍对发展现代文明具有反思与启迪意义。对于文明过度的担忧,与卢梭有同感的,还有德国思想家斯宾格勒,在斯宾格勒看来,人们对物质文明的过度追求与贪婪导致了西方的衰落。对于文明过度的警惕与反思,并没有因为卢梭与斯宾格勒的文明悲观论受到不少人的质疑与反驳而销声匿迹。在当代,卢梭与斯宾格勒的文明悲观论思想再一次引起了人们的重视与研究,但这种重视与研究不再拘泥于对现代工业文明的非理性批判,也不再拘泥于对过去的向往与憧憬,而是如何在现代工业文明的基础上,去超越现代工业文明。建设生态文明,事实上就是对现代工业文明发展过度与异化的一种反思与警惕。现代工业文明对于自然资源的过度使用与掠夺所造成的生态危机以及由此诱发的经济危机社会危机,都是现代工业文明发展过度的重要表现与呈现方式。总之,文明是否过度,或者是否存在过度文明的问题,人们在理论上已多有探讨,不过实际上文明过度也正是人类文明发展与建设具体实践活动中客观存在的事实。

马克思对文明过度的理解与认识有着独特的观点与视角。如果说卢梭看到资产阶级文明对人性的摧残、对道德的破坏的话,那么马克思则从另一个角度,论述了文明过度对社会生产力的极大破坏及其可能引发的社会危机。马克思在论述资本主义社会的商业危机或说经济危机,也即马克思所描述的当时资本主义社会的"生产过剩的瘟疫"时,指出当时资本主义商业危机所产生的原因,"就因为社会文明过度,生活资料太多,工商业规模太大。社会所拥有的生产力已经不能再促进资产阶级的所有制关系的发展;相反,生产力已经增长到这种关系所不能容纳的地步,资产阶级的关系已经阻碍生产力的发展"①。从马克思这段话所透露的信息与思维理路来看,马克思对资本主义社会文明过度现象的理解与把握,实质指向的是资本主义社会的社会生产力发展的过度,或说是指资本主义社会社会生产力增长的过度。更进一步讲,就是资本追求剩余价值的最大化所导致的社会生产力的过度增长或发展。这种由于资本家为了追求剩余价值的最大化而过度地发展社会生产力的行为,必然会导致资本主义经济危机或商业危机的产生,从而导致自然资源与社会资源的严重浪费。"在商业危机期间,每次不仅有很大一部分制成的产品被毁灭掉,而且有很大一部分已经造成的生产力也被毁灭掉了。在危机期间,发作了一种在过去一切时代看来好象是荒唐现象的社会瘟疫,即生产过剩的瘟疫。"②因此,从马克思对资本主义社会文明发展过度的论述来看,文明过度不仅是资本主义社会真实存在的一种历史现象,还是导致资本主义社会商业危

---

① 《马克思恩格斯全集》第 4 卷,人民出版社 1958 年版,第 472 页。
② 《马克思恩格斯全集》第 4 卷,人民出版社 1958 年版,第 472 页。

机或经济危机产生的重要历史原因。

此外，马克思在《〈政治经济学批判〉导言》中论述物质生产时，对古典经济学家斯密和李嘉图的相关思想进行了论述与批判。在批判中，马克思还提及了"过度文明"的问题。在此处，马克思虽然没有像阐述文明过度那样来论述过度文明，但字里行间也向我们示明，过度文明并不是一种正常与健康的文明发展现象。文明过度和过度文明，虽然在表述上存在着差异，但二者都是人类文明史发展中的非正常形态与异化形式。在人类文明发展史中，无论是文明过度，还是过度文明，其对社会生产与经济社会的发展均具有负面的影响与作用，二者都是一种不健康并带有巨大社会破坏性的文明发展形式与现象。

工业文明推动了人类社会的高速发展，但其产生的负面效应也是巨大的，使人类社会发展面临着人口爆炸、资源短缺、粮食不足、能源紧张、环境污染的困境，这是人与自然矛盾尖锐化的集中表现。这种异化现象的产生，深刻暴露出了以工业为主体的社会发展模式与人类的环境要求之间的矛盾，以一种后现代的方式将人与环境的关系问题尖锐地提交给了全人类，人类文明要想继续发展就需要改变人对自然作用的生产方式，向寻求人与自然和谐的生态化方向发展。正是在人类社会面临生态环境危机和发展困境的现实条件下，生态文明应运而生并得以发展。

由此可见，生态文明是工业文明发展到一定阶段的产物。它和以往的农业文明、工业文明既有连接之点，又有超越之处。生态文明和以往的农业文明、工业文明一样，都主张在改造自然的过程中发展社会生产力，不断提高人们的物质和文化生活水平；但它又和以往的工业文明和农业文明有所不同，生态文明是运用现代生态学的概念来应对工业文明所导致的人与自然关系的紧张局面，强调的是人与自然的和谐共生以及建立在此基础上的人与人、人与社会关系的和谐。生态文明所追求的人与自然和谐不能简单地等同于传统农业文明中因为生产力落后而形成的"天人合一"理念，它是建立在工业文明所取得的深厚物质基础之上，依靠科学技术进步所带来的对自然规律及人与自然之间互动关系的深刻认识，自觉地实现人与自然的和谐共处。这种和谐共处不仅只是表现在物质生产方式上，对自然的索取和输出均应在环境承载力之内，还表现为精神层面上人与自然的亲和。生态文明并不排除人类活动的工具性和技术性，但生态文明还要求，创造生态恢复及补偿性的文明成果需要设定对于人的生存及自然环境的生态安全,在人类不断创造文明成果的同时,还要致力于对自然生态的人文关怀。

从文明的一般意义上讲,生态文明绝不是拒绝发展,更不是停滞或倒退,而是要更好地发展,充分利用自然生态系统的循环再生机制,提高人类适应自然、利用自然和修复自然的能力,实现人与自然和谐、健康地发展。因而,生态文明是人类在利用自然界的同时又主动保护自然界,积极改善和优化人与自然关系,建设良好的生态环境而取得的物质成果、精神成果和制度成果的总和。

从文明的特殊性上看,生态文明是可持续发展的文明,它包括先进的生态伦理观念、发达的生态经济、完善的生态环境管理制度、基本的生态安全和良好的生态环境,等等。生态文明成果体现了人类的可持续发展和自然的可持续发展,即人类所有利用环境、开发资源的活动,都必须以环境可承载和可恢复、资源可接替为前提,必须兼顾后代人的利益,是一种可持续的开发利用;人类对自然的改造和干预既要考虑人类活动对自然的影响程度,更要考虑人类自身的可持续发展问题。

三、马克思主义自然观蕴含的生态文明理论

马克思主义视域中的自然是物质本体的、实践人化的、社会历史的和生态价值的自然。马克思主义自然观中蕴涵有丰富的生态文明思想。

第一,马克思主义唯物本体的自然观揭示了自然界是人类社会的母体,自然界对人的生存发展的重要作用,肯定了自然界的先在性和客观基础性。人和其他生物一样,是自然界非生命物质向生命物质长期发展和转化的产物。在这个转化过程中,由于生活环境的变化,特别是由于改造环境的劳动,使手脚分化,直立行走。随着手脚的变化,身体其他部分也相应地发生了改变。并且在劳动中产生了语言,而后劳动和语言一起又推动了作为人的思维意识器官——大脑的产生。由此可见,人同人的思维意识器官的机制都是自然界高度发展的产物,是自然界孕育了人类。这是从人的产生方面说明了人对自然根本的依赖关系。

自然界不仅孕育了人类,也哺育了人类。地球上的无机物部分和有机物部分在太阳的作用下进行规律性的物质和能量的转换,为人类提供了繁衍生息所需要的各种自然资源。人类正是依赖自然界所提供的各种自然资源来维持自己的生存,这种维持是通过劳动来从自然界中获得必要的生活资料和能量的。如果没有自然界为人类提供必要的生活资料和能量,人类就难以生存下去,更谈不上繁衍和发展。因此,马克思说:"所谓人的肉体生活和精神生活同自然界相联系,也就等于说自然同自身相联系,因为人是自然界的一部分。"①

第二,马克思主义实践人化的自然观揭示了人类在充分发挥自身主观能动性的同时,要正确地运用自然规律,在科学实践的基础上改变自然界。众所周知,一部人类发展史,就是一部生产发展史。从客观结果上讲,也是一部人类创造人化自然的发展史。因此人类有史以来,地球的变化在很大程度上是由人通过人化自然造成的,而不是自然出现的。人类通过人化自然开辟了广阔的农田,建造了星罗棋布的运河、水库、城市集镇,江河海洋中到处游弋着大大小小的船只,高空飞翔着各种飞机,这一切使人类社会的环境大为改观,并使地球的变化日新月异。如果走进人们的居室里、工厂里、商店里,就会发现许多不仅是人化了的,而且是人创造出来的东西,这些东西除了原材料及其规律以外,其外貌、内容、结构、功能完全是自然界所没有的。人化自然体现了人类征服自然的能力,是人类实践活动的产物,也是为了服务于人类的生存与发展而产生的,这样,人就把地球改造得越来越适应人类的生存和发展了。人类生产愈发达,改造自然的力量就愈大,自然的面貌也就改变得愈快,而且愈来愈快。

随着人类改造自然和改造社会能力的不断提高,人类的物质文明和精神文明也在不断发展。特别是现代人化自然以前所未有的速度向前发展,已为人类展示了更加广阔的美好前景。但是,目前已有若干迹象表明,对几千年来在总体上一直有利于人类发展的地球,有可能由于人类过度的干预和控制,而向不利于甚至阻挠人类发展的方向演变。事实上,这种演变的趋势已经发生。如小亚细亚地区由于森林被砍伐而变成不毛之地。我国某些地区由于生态环境被破坏而引起的旱涝灾害的事例也时有发生。当前,不仅类似上述的局部性的问题依然存在,而且由于人类改造自然的能力已达到全球性水平,全球性的问题也就时隐时现地出现了。近年来由于大气中二氧化碳的增加而引起的

---

① 《马克思恩格斯全集》第42卷,人民出版社1979年版,第95页。

温室效应,森林面积日益缩小和沙漠面积不断扩大,大气、河流、海洋中的工业污染日趋严重,这些问题都是国际性的,甚至是全球性的。核战争一旦发生,不仅会造成空前的杀伤和破坏,还有可能形成"核冬天",即造成全球性的气温下降,给予人类文明以毁灭性的打击。这说明,人类有可能在自掘坟墓。随着人类改造自然的能力越大,生产与科学技术发展的水平越高,搞得不好,自掘坟墓的危险性也就越大。

规律性是世界体系的一个重要特征。统一的、相互联系的世界体系及其发展是有规律的。恩格斯指出:"整个自然界是受规律支配的,它绝对排除任何外来的干涉"①,并且强调"自然规律是根本不能取消的"②。自然辩证法是指导人们正确处理人与自然、人与人、人与社会关系的基本理论和方法。自然辩证法在自然和社会生活中对于人们价值观的树立、社会行为的规范都起着重要作用,必须高度重视辩证法。恩格斯曾经旗帜鲜明地指出,"的确,蔑视辩证法是不能不受惩罚的"。③ 总之,在现代社会中,人类在改造自然的过程中所遭到的报复是广泛而又严重的。人类应该正视这个问题的严重性,以积极的态度和有力的措施去协调人与自然的关系。

第三,马克思主义社会历史的自然观揭示了解决人与自然之间矛盾的方式,即解决好人类社会问题是协调人与自然关系的必要前提。对于人类是否有可能控制自然界的报复,保持人与自然之间的协调发展问题,有两种截然不同的观点和态度。一派如西方流行的生态悲观主义认为,"人在自然界的活动具有不可逆转的毁灭性质","世界正站在毁灭的门口","人类当前和未来已经面临着不可挽回的困境",等等。为了解决这个问题,他们主张控制地球上人口数量的增长,限制和缩小工业生产,大幅度减少地球资源消费,以维持地球上的平衡。这是一种消极的态度。另一派则认为从智力上讲,从科学和生产水平上讲,人类完全有能力控制自然界的变化。也就是说,既然有些东西完全是人造出来的,如核武器,人当然就能加以控制,有些东西是人类从事某种生产活动的副产品,如环境污染和破坏生态平衡等,最初可能不为人们所认识,但在现代科学水平上,已经被人们所认识,人类将采取一切措施来减少乃

① 《马克思恩格斯全集》第22卷,人民出版社1965年版,第343页。
② 《马克思恩格斯全集》第32卷,人民出版社1974年版,第541页。
③ 《马克思恩格斯全集》第20卷,人民出版社1971年版,第399页。

至消除这些不良影响，不会让其自由泛滥，更不会任其造成毁灭性的后果。当然，这并不是说人与自然之间的矛盾完全解决了，而是说，人类经过努力可以解决这些矛盾，从而实现人与自然的协调发展。但是要做到这一点，必须注意以下几个问题：

首先，人类必须树立对自然界的整体观念，这是调节人与自然的关系、实现人与自然协调发展的思想认识基础。自然界是一个内部协调的自在系统。在自然界系统内部的各种物质系统之间存在着有机的联系，正是它们之间这种相互联系和相互作用，使自然界构成一个统一的协调的整体。人类出现以后，不仅人本身作为自然界的存在物，成为自然界的一个组成部分，一个物质系统，而且与人相伴而生的人化自然也作为自然界的存在物成为自然界的一个组成部分，一个物质系统。因而，要保持人与自然之间的协调发展，就必须树立对自然界的整体观念，只有人们能够自觉地按照自然规律从自然界的整体出发，才能调节人与自然的关系，达到自己的目的。悲观主义者的错误在于只片面地看到了人必须适应自然的一方面，而没有看到人的能动性的一方面。因此，他们的"全球性平衡"主张与自然界的发展和人类的进步是不相容的。如果说他们基于目前生物圈恶化的状态提出的警告，将引起全人类对自然界的重视，那么，应该说是有益的。但必须指出，现代生物圈状况日益恶化的原因，绝不能简单地归结为科学技术的进步和工业生产发展的必然后果，而是一方面由于人盲目地掠夺性地对待自然，另一方面是由于工业和农业生产工艺过程的不完善造成的。因此，只要人类能够自觉地以天然自然为基础，按照自然规律规划自己的发展，并利用现代科学技术去认识和消除工业和农业生产所带来的副作用，如环境污染和生态平衡的破坏等，就可以调节人与自然之间的矛盾，实现人与自然的协调发展。总之，应该相信人类的力量，相信人类在改造自然面前总会从"必然王国"走向"自由王国"的。

其次，解决好人类社会问题是协调人与自然关系的必要前提。从根本上讲，人类只有彻底摆脱了阶级剥削、阶级压迫，成了社会的主人，才能真正成为自然的主人。这是因为真正的人工自然——社会自然，它的形成和发展不仅由自然规律所决定，而且在很大程度上由社会条件——社会生产方式所决定。因此，这就决定了人类在创造人工自然，并通过它去影响天然自然的过程中，就不能不受人类社会的干预和影响。例如，现在人们已清楚地认识到核武器这种人工自然所潜藏的毁灭人类自身的危险性,可是一些拥有核武器的帝国主义国家为什么不但不消灭它,反而继续研制和发展核武器呢?理由十分清楚,就是为了建立世界霸权。所以,恩格斯强调:"只有一种能够有计划地生产和分配的自觉的社会生产组织,才能在社会关系方面把人从其余的动物中提升出来,正象一般生产曾经在物种关系方面把人从其余的动物中提升出来一样。"①这就明确说明,只有解决好人类社会问题,才能协调好人与自然的关系,实现人与自然的协调发展。为此,人类就需要在社会关系方面建立起一种能够有计划地生产和分配的自觉的社会组织,才能从整体上甚至全球的角度,实现对自然界的合理开发、利用和改造。

再次,依靠科学技术成果是实现人与自然协调发展的主要手段。要调节人与自然的关系,实现人与自然的协调发展,不仅要树立对自然界的整体观念,要解决好人类社会问题,同时还必须运用科学技术的成果去具体解决人与自然的矛盾。现代科学技术的发展所深刻揭示的自然规律,不仅是人类认识自然环境动态平衡机制的基础,而且也为调节、确保自然环境动态平衡提供了必要的手段。现代科学技术越发展,保护处理自然环境动态平衡的水平也就越高。因此,要调节人和自然的关系,实现人与自然的协调发展,就必须依靠现代科学技术,抓住科学技术这个有力的手段,促进人与自然的协调发展。

恩格斯说:"我们对自然界的整个统治,是在于我们比其他一切动物强,能够认识和正确运用自然规律。"②这说明只要人类在认识和遵循自然规律的基础上调节人与自然的关系,就能实现人与自然的协调发展。

最后,马克思生态价值的自然观揭示了自然界和人类社会之间的系统关联性,以及自然规律和社会规律之间的内在逻辑,把自然主义和人道主义紧密地结合起来,建设生态文明。马克思、恩格斯从来都是从世界的联系性这一特点出发对自然界和人类社会进行整体性研究。恩格斯在《自然辩证法》中指出:"我们所面对着的整个自然界形成一个体系,……它们是相互作用着的,……只要认识到宇宙是一个体系,是各种物体相联系的总体,那就不能不得出这个结论来。"③恩格斯以宏大视野认识整个宇宙,认识到世界联系的客

---

① 《马克思恩格斯全集》第 20 卷,人民出版社 1971 年版,第 375 页
② 《马克思恩格斯全集》第 20 卷,人民出版社 1971 年版,第 519 页。
③ 《马克思恩格斯全集》第 20 卷,人民出版社 1971 年版,第 409 页。

观性和普遍性。为了同非马克思主义的错误思想进行斗争,恩格斯在《反杜林论》一文中驳斥了杜林的错误观点,他说道:"世界表现为一个统一的体系,即一个有联系的整体,这是显而易见的,但是要认识这个体系,必须先认识整个自然界和历史,这种认识人们永远不会达到。"①

马克思主义认为,世界是普遍联系的,人与自然、人与社会相互影响相互制约,构成了一个"自然—社会—人"三者密切结合的有机整体,因此只有采用系统辩证的方法去把握人与自然、社会的关系,才能实现生态和谐与社会和谐。自然界的本身就是一个具有内在机制的"自然—人—社会"系统。在这个巨型系统中,自然生态系统和社会系统之间的关系是以人的实践为基础的辩证统一关系。在马克思看来,资本主义制度中的异化劳动是生态环境遭到破坏的原因。所以,要实现人与自然的和解,就必须摒弃异化劳动,将人从奴役状态中解放出来,从而实现人的本质回归。只有在未来的共产主义社会中,才能"是人和自然之间,人和人之间的矛盾的真正解决",才能实现人与自然的和谐相处,实现自然生态系统和社会系统的协调发展。近代形而上学的物化自然观,看不到自然界的本身就是一个具有内在机制的"自然—人—社会"系统,看不到"自然的历史"和"历史的自然"及其辩证统一,只能引导人们毫无顾忌地"战胜"自然,破坏生态环境。这必然导致人与自然的关系日趋恶化,导致生态问题危机。因此只有在马克思生态自然观的基础上确立系统辩证的人化自然观,才能建构科学的生态文明理论,才能为解决当今时代的生态环境问题和生态危机指明理论路径。

---

① 《马克思恩格斯全集》第20卷,人民出版社1971年版,第662—663页。

第四章　习近平生态文明思想的内涵

习近平总书记坚持和发展马克思主义自然观,形成了新时代具有中国特色的生态文明思想。习近平生态文明思想中的"环境就是民生""促进人与自然和谐共生""绿水青山就是金山银山""生态文明建设是一个系统工程"等内容,创造性地发展了马克思主义自然观。作为一个完整的理论体系,习近平生态文明思想体现了马克思主义与时俱进的理论品格。

第一节　环境就是民生

"环境就是民生"是对马克思主义物质本体的自然观的发展。在继承马克思主义物质本体的自然观的基础上,习近平指出:"环境就是民生,青山就是美丽,蓝天也是幸福。"①这不仅遵循了自然界是人的无机身体这一基本观点,而且将生态环境与民生有机结合起来,赋予了生态环境的民生的价值取向。

一、良好的生态环境是最普惠的民生福祉

环境是人民群众生活的基本条件和社会生产的基本要素,是最广大人民的根本利益所在。环境保护得好,全体公民就受益;环境遭到破坏,整个社会都遭殃。环境的状况和质量,直接影响人们的生存状态,从而反映社会的发展水平,并直接影响文明的兴衰成败。习近平指出:"我们的人民热爱生活,期盼有更好的教育、更稳定的工作、更满意的收入、更可靠的社会保障、更高水平的医疗卫生服务、更舒适的居住条件、更优美的环境,期盼孩子们能成长得更

---

① 《习近平关于社会主义生态文明建设论述摘编》,中央文献出版社 2017 年版,第 8 页。

好、工作得更好、生活得更好。人民对美好生活的向往,就是我们的奋斗目标。"①"把生态文明建设放到更加突出的位置。这也是民意所在。"②人民群众不是对国内生产总值增长速度不满,而是对生态环境不好有更多不满。我们一定要明白,到底要什么?

良好的生态环境可以转化成为民生的重要部分。随着我国生产力的发展,生活水平日益提高,人民群众对美好生活的向往更加强烈,民生包含的内容更加广泛,由"盼温饱"发展到"盼环保",由"求生存"发展到"求生态"。一方面,在社会发展的初级阶段,人们为生存而挣扎、努力求温饱,摆脱贫穷落后是社会治理的主要着力点;另一方面,受限于劳动力水平对环境的开发利用速度远低于生态环境的自我修复速度,环境问题作为民生的属性尚未凸显出来。但随着近现代科学技术的迅猛发展,一方面,给人类的生产生活带来极大的便利,人类社会也因此得以不断进步;另一方面,自然资源被过度开发乃至透支,消耗超过再生速率,污染物质的排放超过环境容量,环境问题不断显现,并严重威胁生命健康。

环境保护既是发展问题,也是民生问题。居民对良好生态环境的诉求越来越强烈,把生态环境纳入民生的指标也成为民心所向。习近平指出:"良好生态环境是最公平的公共产品,是最普惠的民生福祉。"③因此,推进生态文明建设必然能够最大可能地保护人的无机的身体,在物质和精神两大方面促进人民福祉。在物质方面,经济的发展离不开自然界提供的各种物质和能源。遭到破坏的自然界,将造成资源短缺,制约国家的经济发展和人民生活水平的提高。在精神方面,良好的自然生态能够满足人的精神愉悦。遭到破坏的生态环境不仅损害了人民的身体健康,更潜在地增加了人民的精神负担。习近平说:"对人的生存来说,金山银山固然重要,但绿水青山是人民幸福生活的重要内容,是金钱不能代替的。你挣到了钱,但空气、饮用水都不合格,哪有什么幸福可言。"④因此,习近平指出,加强生态环境保护"既是重大经济问

① 《习近平谈治国理政》(第一卷),外文出版社2018年版,第4页。
② 《习近平关于社会主义生态文明建设论述摘编》,中央文献出版社2017年版,第83页。
③ 《习近平关于社会主义生态文明建设论述摘编》,中央文献出版社2017年版,第4页。
④ 《习近平关于社会主义生态文明建设论述摘编》,中央文献出版社2017年版,第4页。

题,也是重大社会和政治问题"①。

生态环境中清洁的大气每个人都需要呼吸,清洁的淡水每个人都需要饮用,不受污染的土壤更是生产粮食的最基本条件,因而生态环境作为一种特殊的公共产品比其他任何公共产品都更重要。然而,空气、水、土壤质量的保持与维护具有强烈的外部性,要保护它们不受污染,就会与某些小集体的经济利益产生冲突,从而发生公地悲剧现象。当小集体只顾自己的局部利益,认为总体生态环境是社会的事情、国家的事情,如果大家都这样以邻为壑地自我发展,最终结果就是整个国家乃至于整个人类的生存环境都会受到冲击甚至被完全破坏。当代中国社会公众普遍感受到的呼吸上新鲜的空气、喝上干净的水、吃上放心的食品这一建设生态文明的最朴素心愿之艰难,即反映了这种理论的困境和实践的艰难。

早在2007年,党的十七大首次将"生态文明"这一概念写入报告时,社会各界对此解读为"生产发展、生态良好、生活幸福"的"三生共赢"新文明形态。党的十八大进一步把生态文明建设纳入国家发展的战略。习近平强调:"经济发展、GDP数字的加大,不是我们追求的全部,我们还要注重社会进步、文明兴盛的指标,特别是人文指标、资源指标、环境指标;我们不仅要为今天的发展努力,更要对明天的发展负责,为今后的发展提供良好的基础和可以永续利用的资源和环境。"②习近平又特别指出:"要按照绿色发展理念,实行最严格的生态环境保护制度,建立健全环境与健康监测、调查、风险评估制度,重点抓好空气、土壤、水污染的防治,加快推进国土绿化,……切实解决影响人民群众健康的突出环境问题。"③习近平把环境保护提升到民生和重大战略问题的层面,给予高度重视,是满满的为民情怀和党的宗旨的体现,是习近平新时代中国特色社会主义思想体系中生态文明思想的核心要义。

事实上,无论是发展经济还是保护环境,都要以实现人民群众的根本利益为根本的出发点和最终归宿。在古典的福利经济学概念体系里,公共产品并

① 《习近平关于社会主义生态文明建设论述摘编》,中央文献出版社2017年版,第4页。
② 《绿水青山就是金山银山——习近平同志在浙期间有关重要论述摘编》,《浙江日报》2015年4月17日。
③ 《习近平关于社会主义生态文明建设论述摘编》,中央文献出版社2017年版,第90—91页。

没有包括无须付出人类劳动即可免费获取的空气和水，而多指需要社会付出而提供的医疗服务、教育资源、就业机会等。良好的生态环境意味着清洁的空气、干净的水源、安全的食品、丰富的物产、优美的景观，在受到破坏的情况下，不论穷人、富人，均不可幸免，因而生态环境具有明显的普惠性和公平性。随着生态环境问题的日益严峻和对社会生活影响的深化，生态环境的公共产品属性越来越明显地展现出来。"最公平的公共产品"既强调了治理结果的重要性，也强调了治理过程的主体责任。承担环境治理主体责任，是各级政府的基本义务、重要功能，必须以提前规划、引导的自觉将绿色化要求贯穿经济社会治理全过程。唯有如此，才能吸取先发国家的教训，避免大代价且无序的环保进程，化被动为主动。习近平从实现人民群众过上更加幸福美好生活的目标出发，视良好的生态环境为最公平的公共产品、最普惠的民生福祉，这是在新的历史条件下对我们党民生思想的完善、丰富和发展。人民群众对干净的水、新鲜的空气、安全的食品、优美的环境的要求越来越强烈，生态环境保护慢不得、等不起。

当下，虽然我国的生态文明建设取得了重大进展和积极成效，但资源约束趋紧、生态系统退化的形势依然十分严峻，大气污染、水污染、土壤污染等各类环境污染事件频发，不仅影响民众的福祉水平，而且危及基本民生。从城乡一体化进程中的生态文明建设来看，由于对环境保护重视不够，广大农民聚居区环保基础设施滞后，农田大量施用化肥农药造成农村生态破坏日益严重，农业和生态环境受到严重冲击，水源污染、水体富营养化严重，农、畜、水产品有毒有害物质残留超标。食品不安全并且危及健康，这都使得民生的基础保障出现危机。

与此同时，生态环境问题，一头牵着群众生活品质和基本民生福祉，另一头牵着社会的和谐稳定，也越来越成为重大的政治问题。从现状看，环境污染已成为导致社会不公、诱发矛盾冲突的重要隐患，处理不好将严重影响社会的稳定、削弱政府的权威和公信力、抵消改革开放和经济社会建设取得的成果。习近平就此指出："在生态环境保护上，一定要树立大局观、长远观、整体观，不能因小失大、顾此失彼、寅吃卯粮、急功近利。"①他强调，"生态环境问

---

① 《习近平关于社会主义生态文明建设论述摘编》，中央文献出版社 2017 年版，第 12 页。

题……是利国利民利子孙后代的一项重要工作,决不能说起来重要、喊起来响亮、做起来挂空挡"①,而是"要科学布局生产空间、生活空间、生态空间,扎实推进生态环境保护,让良好的生态环境成为人民生活质量的增长点"②。

坚持全心全意为人民服务,是中国共产党的宗旨,是党的最高价值取向。是否始终为实现人民的利益服务,是否得到最广大人民群众的拥护,是衡量党的路线、方针和政策是否正确的最高标准。积极主动地响应群众呼声,努力实现和满足群众的期待,是各级干部思考一切问题的出发点和落脚点,是一切工作的主轴和主题。加强环境保护,建设生态文明,是关系民生福祉、关乎民族未来的长远大计。环境的状况和质量,直接影响着人们的生存状态。因此,保护生态环境就是保障民生,改善生态环境也是改善民生,生态环保工作是民生工作的重要组成部分,在这一问题上,各级政府必须高度重视,保持清醒认识,以最广大人民利益为环境保护工作的出发点和落脚点,关爱最广大人民的生命健康,服务最广大人民,解决最广大人民最关心、最直接、最现实的环境问题,以满足人民群众不断增长的环境质量需要。拥有了良好的生态环境,人民群众的生存和发展才能获得更加广阔的空间,才能在物质水平不断改善和提高的同时,充分享受生活质量的改善,感受精神的愉悦和满足,从而跨入更高、更好的生活境界。

二、生态良好是全面小康的重要内容

"小康社会"是邓小平在 20 世纪 70 年代末 80 年代初规划中国经济社会发展蓝图时提出的战略构想,2012 年党的十八大报告首次正式提出"全面建成小康社会"。生态环境问题成为全面建成小康社会的突出短板,也是影响人民群众"获得感"和"幸福感"的重大因素。为此,习近平指出,"小康全面不全面,生态环境质量很关键"③。

良好的生态环境是全面小康的题中应有之义。全面,是对工作力度、深度、广度的要求,体现在覆盖地域的全面,体现在覆盖人群的全面,也体现在覆

---

① 《习近平关于社会主义生态文明建设论述摘编》,中央文献出版社 2017 年版,第 25—26 页。
② 《习近平关于社会主义生态文明建设论述摘编》,中央文献出版社 2017 年版,第 27 页。
③ 《习近平关于社会主义生态文明建设论述摘编》,中央文献出版社 2017 年版,第 8 页。

盖领域的全面,这是政治、经济、社会、文化、生态等各项事业全面发展的全面小康,要不断提高人民群众生活水平、改善民生,同时让人民群众享有蓝天绿水、健康身心、丰富多彩的文化生活。因此,在衡量标准里,既要重视"物"的标准,又要重视人的标准;既要看有形的指标,用科学合理的指标体系评估取得的成绩,又要看无形的指标,把民众满意不满意作为重要的评判标准,这样的全面,才是不分区域、不论城乡都能共享的全面小康,也是民众看得见、摸得着、感受得到、充分认可的全面小康。习近平强调:"让良好生态环境成为人民生活的增长点、成为展现我国良好形象的发力点,让老百姓呼吸上新鲜的空气、喝上干净的水、吃上放心的食物、生活在宜居的环境中、切实感受到经济发展带来的实实在在的环境效益,让中华大地天更蓝、山更绿、水更清、环境更优美,走向生态文明新时代。"①

生态文明建设有利于让人民群众有更多获得感。按照经济学理论,如果说经济建设、社会发展的最终目标是造福百姓,让人民群众提升"幸福感",实现民生福祉最大化,那么生态文明建设则在提升百姓"幸福感"方面更加直接有效。当下,中国已经到了环境问题凸显期、环保标准提高期,环境公共服务供需矛盾亟待解决。我国主要污染物和二氧化碳排放量都居世界第一,处于排放高平台期,对地下水、土壤和公众健康的负面影响还在上升,生态系统功能十分脆弱;尽管主要污染物排放增幅增速得到有效遏制,但持续增加的排放,远远超过环境容量,产业结构与能源结构战略性调整尚未完成,环境压力依然超过环境承载。

深入剖析老百姓的幸福感,其实包含多方面的内容。既要有稳定的就业和稳定的收入增长,又要享受好的医疗和养老保障,还要有好的生存环境。生态环境与人们的生活息息相关。满足人民群众对良好生态环境的新期待,是全面建成小康社会的基本要求。随着收入水平提升与中等收入人群数量扩张,人民群众对幸福的内涵有了新的认识,对与生命健康息息相关的环境问题越来越关切,期盼更多的蓝天白云、绿水青山、渴望更清新的空气、更清洁的水源。环境公共服务需求日益增长与供给滞后之间的矛盾,正在凸显。失去生态环境的保障,发展成就就会大打折扣,人民的幸福感就难以真正提高。只有

---

① 《习近平关于社会主义生态文明建设论述摘编》,中央文献出版社 2017 年版,第 33 页。

大力推进生态文明建设,不断满足人民群众对生态环境质量的需求,不断夯实经济社会发展的生态基础,才能让人民群众对美好幸福生活的梦想成真。

补全生态环境短板,不仅需要提高认识,更需要采取行动。习近平指出:"要实施重大生态修复工程,增强生态产品生产能力"。① 环境保护和治理要以解决损害群众健康突出环境问题为重点,坚持预防为主。综合治理,强化水、大气、土壤等污染防治,着力推进重点流域和区域水污染防治,着力推进重点行业和重点区域大气污染治理。党的十八届五中全会指出:"必须坚持节约优先、保护优先、自然恢复为主的基本方针,采取有力措施推动生态文明建设在重点突破中实现整体推进"。② 基于此,按照习近平总书记重要论述的基本要求,要坚持预防为主、防治结合,集中力量先行解决危害群众健康的突出问题。要坚持多管齐下,切实把生态文明建设的理念、原则、目标融入经济社会发展各方面,落实到各级各类规划和各项工作中;要按照规划的明确要求,贯彻落实绿色发展理念,完善基于主体功能区的政策和差异化绩效考核,推动各地区依据主体功能定位发展;要坚持生态环境保护优先、自然恢复为主,全面实施山水林田湖生态保护和修复工程,提升生态环境的系统稳定性,筑牢生态安全屏障;要加快转变经济发展方式,完善资源节约型与环境友好型社会的各项制度。让人民群众切实享受改革开放的成果,提升获得感和幸福感。

三、生态环境就是生产力

环境是生产力,生产力本身也是民生最关键的要素。习近平指出:"纵观世界发展史,保护生态环境就是保护生产力,改善生态环境就是发展生产力。"③

生产力是人们顺应自然、改造社会的能力。人们对生产力的认识是不断深化的。在人类社会发展过程中生产力内涵已不断深化,外延也呈现不断拓展的趋势,同时,生产关系和上层建筑也不断变化,同生产力之间的关系日益复杂。生产力发展不仅包含数量扩张,而且经常发生质量和结构变化。一方面,生态环境为人类提供了生产力三大基本要素中的各种自然要素,包括作为

---

① 《习近平关于社会主义生态文明建设论述摘编》,中央文献出版社 2017 年版,第 46 页。
② 《习近平关于社会主义生态文明建设论述摘编》,中央文献出版社 2017 年版,第 9 页。
③ 《习近平关于社会主义生态文明建设论述摘编》,中央文献出版社 2017 年版,第 4 页。

劳动资料的土地,以及作为劳动对象的森林、矿藏等。在生产力系统的运行过程中,人们以自身的活动引发、调整和控制人与自然之间物质和能量的转换,也就是说,生产力系统的运行是人们通过利用自然和改造自然,不断向自然索取财富以满足自身欲望和需求的过程。在这个过程中,作为生产力核心要素的人与作为基本要素的外部生态环境相互影响、相互作用。在工业文明时代,受对自然规律的认识所限,人类突出强调的是对自然的掠夺和征服,经济社会发展的同时,也伴随着环境污染、资源短缺、物种灭绝、气候变暖等全球性的生态灾害和危机。进入生态文明时代,人们已经充分认识到保护外部生态环境的重要意义,认识到生态环境会影响到生产力的结构、布局和规模,进而影响到生产力的运行效率和效益。

另一方面,从生产力对自然的作用来看,在一定的历史条件下会发生功能升级,即在大幅度增强原有功能的同时出现新的功能。着眼于现代社会和未来发展,不难发现,除了认识自然、改造自然和利用自然之外,在生产力内部已逐渐生成了一种保护自然的能力(包括生态平衡和修复能力、原生态保护能力、环境监测能力、污染防治能力等)。基于此,对生产力这一作为马克思唯物主义观的核心要素的内涵在新时代要有新的认识。生产力应当是人们认识、改造、利用和保护自然的综合能力,这四种功能的整合,构成人与自然和谐相处的生产力。实际上,生产力离不开自然,生态环境也是生产力。

此外,从经济系统与自然生态系统关系的范畴来看,经济系统与自然生态系统之间是对立统一的。在经济系统与自然生态系统构成的生态经济系统中,经济系统以自然生态系统为基础,人类的经济活动要受到自然生态系统容量的限制。两者共同反映的是全局利益与局部利益、长远利益与眼前利益、根本利益与表象利益之间的矛盾。当两个系统彼此适应时,就达到了生态经济平衡,实现了人与自然的和谐统一,复合系统就是稳定的、可持续发展的,这是我们要努力追求的良性循环状态;当两个系统彼此冲突时,就导致生态经济失衡,循环被破坏,复合系统趋于不稳定、不可持续。生态经济协调发展规律提醒我们,人类必须使自身的经济活动水平保持一个适当的"度",以实现生态经济系统的协调发展。在这方面教训是深刻的,如监察部曾通报的10起破坏生态环境责任追究典型案例,企业违法排污,直接危害当地甚至流域内人民群众的生命健康。再如近年雨季我国很多城市城区积水成"海",很重要的一个原因就是城市发展肆意填湖填河挤占了生态空间。

长期以来，我们习惯把人和生产工具这两个因素当作社会生产力，并把生产力理解为人们征服和改造自然的能力。但马克思主义经典作家从未把自然生态环境排除在社会生产力的组成要素之外。马克思在《资本论》中就用"劳动的各种社会生产力""劳动的一切社会生产力""劳动的自然生产力"等概念阐明生产力的丰富内涵。马克思主义生产力概念不仅包括人的劳动和创造力，而且包括作为人类生存依托和劳动对象的自然界。特别是随着人类走向生态文明新时代，生态环境所涉及的方方面面无不与生产力有关，生态环境越来越成为重要的生产力。习近平指出："我们要构筑尊崇自然、绿色发展的生态体系。人类可以利用自然、改造自然，但归根结底是自然的一部分，必须呵护自然，不能凌驾于自然之上。"①生态环境没有替代品，用之不觉，失之难存。

过去我们对发展的本质认识不够，把发展简单地等同于 GDP 的增长，认为其就是生产劳动产品，没有意识到生态产品同样是人类生存发展的必需品之一，也没有意识到生态环境的自然价值和自然资本的概念，在开发利用自然环境与资源的过程中没有能正确处理人和自然的关系，对人的行为缺乏约束，造成了生态环境的破坏。实践证明，我们不可能离开经济发展单独抓环境保护，更不能以破坏生态环境为代价去追求一时的经济发展。要在科学保护的前提下，在环境承载力的范围内，努力促进经济生态化、生态经济化，推动经济发展和环境保护双赢。要树立大局观、长远观、整体观，坚持节约资源和保护环境的基本国策，要像保护眼睛一样保护生态环境，要像对待生命一样对待生态环境，通过环境保护来保证发展的可持续性，通过经济社会的可持续发展来创造更加优良的生态环境，实现环境保护与经济发展的协调、融合与统一。

推进生态文明建设，还关乎民族的未来。21 世纪以来，科学技术日益迅猛发展，人类对自然的开发和利用达到空前高度。同时，人类正面临着日益严峻的环境问题和生态危机。在环境、生态向人类敲响"警钟"之后，人与自然的关系问题引起了人们高度的警觉和重视。面对社会发展水平尚未实现现代化的现实，党中央提出的生态文明建设主要是针对粗放型的经济增长方式带来的资源环境压力问题，而要加快转变经济发展方式，就必须强调经济发展与

---

① 《习近平关于社会主义生态文明建设论述摘编》，中央文献出版社 2017 年版，第 131 页。

自然生态相协调,实现可持续发展。为此,习近平指出:"生态文明建设事关中华民族永续发展和'两个一百年'奋斗目标的实现"①。作为人类社会进步的重大成果,生态文明是实现人与自然和谐发展的新要求。为了民族未来,必须大力推进生态文明建设,努力走向生态文明新时代。

以习近平"生态环境就是生产力"的科学论断为指导,我们要在实践中坚持绿色发展理念。中华民族要永续发展,社会要进步,经济要稳中求进,环境要改善,民生要提高,完成这一系列艰巨任务的关键,就是要坚持绿色发展。绿色发展和可持续发展是当今世界的时代潮流,我国绿色发展的理念,同国际社会倡导的绿色发展和可持续发展高度契合。国际上倡导的绿色发展,就是发展方式的绿色转型,更多依靠科技进步为主要特色。生态环境已成为一个国家和地区综合竞争力的重要组成部分,绿色发展是增强综合实力和国际竞争力的必由之路。因此,我国的绿色发展,是确保中华民族屹立于世界民族之林、提高国际竞争力的需要,也可以在国际上展示我国的良好形象,创建发展转型的中国模式,为人类可持续发展提供中国经验,为全球生态安全作出新贡献。

不仅如此,还要立即付诸行动,以"最大决心"推动绿色发展,探索可持续的发展路径和治理模式。习近平指出:"协调发展、绿色发展既是理念又是举措,务必政策到位、落实到位。"②。绿色发展的基础工作,就是要科学布局生产空间、生活空间、生态空间。坚持绿色发展,就是要坚持节约资源和保护环境的基本国策,坚持可持续发展,形成人与自然和谐发展的现代化建设新格局,让资源节约、环境友好成为主流的生产、生活方式。党的十九大报告指出要"着力解决突出环境问题。坚持全民共治、源头防治,持续实施大气污染防治行动,打赢蓝天保卫战。加快水污染防治,实施流域环境和近岸海域综合治理。强化土壤污染管控和修复,加强农业面源污染防治,开展农村人居环境整治行动。加强固体废弃物和垃圾处置。提高污染排放标准,强化排污者责任,健全环保信用评价、信息强制性披露、严惩重罚等制度"③,要求"实行最严格的生态环境保护制度,形成绿色发展方式和生活方式,坚定走生产发展、生活

① 《习近平关于社会主义生态文明建设论述摘编》,中央文献出版社 2017 年版,第 9 页。
② 《习近平关于社会主义生态文明建设论述摘编》,中央文献出版社 2017 年版,第 27 页。
③ 《习近平谈治国理政》(第三卷),外文出版社 2020 年版,第 40 页。

富裕、生态良好的文明发展道路,建设美丽中国,为人民创造良好生产生活环境,为全球生态安全作出贡献"①。马克思亦说过:"社会是人同自然界的完成了的本质的统一,是自然界的真正复活。"②。人与自然之间不是主仆关系、对抗关系,而是同呼吸、共命运的关系。

习近平"保护生态环境就是保护生产力、改善生态环境就是发展生产力"的科学论断,为我们指明了生态建设与生产力发展是一种相生而非相克的关系,完全能够实现相互促进、协调发展。一方面,生产力的发展离不开外部生态环境,生态环境是影响生产力结构、布局和规模的一个决定性因素,它直接关系到生产力系统的运行和效益;另一方面,利用优良的生态环境,可以在保护的基础之上因地制宜地发展生物资源开发、生态旅游、环保等产业,使生态优势转变为经济优势。特别是现代经济社会的发展,对环境的依赖度越来越高,环境越好,对于生产要素的吸引力、凝聚力就越强,对于经济社会发展的承载能力也就越强。

综观习近平"环境就是民生,环境就是生产力"的科学论断,体现了其执政为民的情怀,继承和发展了马克思主义生产力观、人与自然发展观,并对人与自然的关系作了更为深入的剖析。我们要以习近平生态文明思想为根本遵循,清醒认识保护生态环境、治理环境污染的紧迫性和艰巨性,清醒认识加强生态文明建设的重要性和必要性,以对人民群众、对子孙后代高度负责的态度,解放生态生产力、发展生态生产力,真正下决心把环境污染治理好、把生态环境建设好,努力走向社会主义生态文明新时代,为人民创造良好生产生活环境,良好的生态环境是永续发展的必要条件和人民对美好生活追求的重要体现。

第二节　促进人与自然和谐共生

"促进人与自然和谐共生"是对马克思主义实践人化的自然观的发展。我们要从马克思主义实践人化的自然观中汲取营养,认识规律,尊重规律,按

---

① 《习近平谈治国理政》(第三卷),外文出版社 2020 年版,第 19 页。
② 《马克思恩格斯全集》第 42 卷,人民出版社 1979 年版,第 122 页。

规律办事,为解决生态问题提供一条人与自然和谐共生的可持续发展道路。

一、树立科学的生态文明理念

西方人总以为能够以一物降一物、一种技术去克服另一种技术难题的征服者姿态去解决当代的生态问题。整个工业生产就像一台紧绷着弦的大机器,循环往复,一部分设备进行产品生产,一部分设备进行废弃物净化处理。但其结果却是制造出了更大难题。美国环境伦理学会创始人罗尔斯顿指出:"传统西方伦理学未曾考虑过人类主体之外的事物的价值。……在这方面似乎东方很有前途。东方的这种思想没有事实和价值之间,或者人与自然之间的界限。在西方,自然界被剥夺了它固有的价值,它只有作为工具的价值。"[1]习近平关于"尊重自然、顺应自然、保护自然,促进人与自然和谐共生"的重要论述,既是中华民族先贤生态智慧、东方智慧在当代中国的一脉相承,也是对马克思主义实践人化自然观的创新性发展,为探求生态文明建设的本质提供了思想和文化的土壤。

习近平多次强调,要树立尊重自然、顺应自然、保护自然的理念。"推进生态文明建设,必须全面贯彻落实党的十八大精神,以邓小平理论、'三个代表'重要思想、科学发展观为指导,树立尊重自然、顺应自然、保护自然的生态文明理念,坚持节约资源和保护环境的基本国策,坚持节约优先、保护优先、自然恢复为主的方针,……着力树立生态观念、完善生态制度、维护生态安全、优化生态环境,形成节约资源和保护环境的空间格局、产业结构、生产方式、生活方式。"[2]在人类社会的发展过程中,人与自然的关系始终是人类永恒的主题。历史地看,人与自然关系理念的演进可以大致分为"天定胜人""人定胜天"以及"人与自然和谐共生"三个阶段。习近平关于不断促进人与自然和谐发展的重要论述,以其广阔的胸怀、全球的眼光,实现了由历史走向历史、不断实现"尊重自然、顺应自然、保护自然"认识新境界的三重跨越。

一是"天定胜人"阶段。这主要存在于生产力相对落后的时代,主要是指工业革命之前的原始社会和农业社会时期。在这一漫长的阶段,与自然力量相比,人类的力量是弱小的,既不能科学认识也没有力量应对很多自然现象,

---

[1]　邱仁宗主编:《国外自然科学哲学问题》,中国社会科学出版社 1994 年版,第 252 页。
[2]　《习近平关于社会主义生态文明建设论述摘编》,中央文献出版社 2017 年版,第 19 页。

对自然的改造也停留在初级阶段。诚如马克思所说,"自然界起初是作为一种完全异己的、有无限威力的和不可制服的力量与人们对立的,人们同它的关系完全像动物同它的关系一样,人们就像牲畜一样服从它的权力,因而,这是对自然界的一种纯粹动物式的意识(自然宗教)"。① 由于人类在自然面前的无力感,导致自然界的很多现象及物体都被神化或神秘化,人在各种"自然神"(如太阳神、月亮神等)面前显得相对弱小。在这一时期,人类对自然的较大规模的改造活动也往往被赋予神话色彩,例如,中国古代神话故事中的大禹治水、愚公移山等。

二是"人定胜天"阶段。这主要是指工业文明时代,18 世纪 80 年代,以珍妮纺纱机和瓦特蒸汽机的使用为标志的英国工业革命,既开创了机器大生产的生产方式,也开创了人类"人定胜天""战天斗地"的新纪元。人类对自然资源的过度开发以及非正常利用,不仅干扰了自然生态的正常演化,而且破坏了整个自然生态系统的平衡与稳定,导致全球性大范围出现生态危机。其中,臭氧层空洞、温室效应、酸雨、土地荒漠化以及水、土壤、大气的污染问题已成为世界性的生态危机问题;乱砍滥伐、过度耕作使世界四分之一的耕地严重退化,三分之一以上的土地面临沙漠化;各类污水排放也使水污染、土壤污染问题日益突出。根据联合国的一项报告,全世界有近三分之一的人口缺少安全用水,每年有数以万计人的死亡与水污染有关,食品中毒事件经常发生。造成人与自然关系严重失衡的原因是多方面的,不尊重自然规律、掠夺式开发、过度开发都是重要因素。

三是"人与自然和谐共生"阶段。正式深刻认识到"人定胜天"理念存在的不足,在人与自然关系的认知方面,当代中国开始进入"人与自然和谐共生"阶段,并逐渐成为当代社会的一个主流思想。建立人与自然全面和谐共生和协调发展的关系,需要认识到,人类只是自然的一部分,不是万物的尺度。正如习近平所指出的这样:"生态环境方面欠的债迟还不如早还,早还早主动,否则没法向后人交代。为什么说要努力建设资源节约型、环境友好型社会? 你善待环境,环境是友好的;你污染环境,环境总有一天会翻脸,会毫不留情地报复你。这是自然界的客观规律,不以人的意志为转移。因此,对于环境

---

① 《马克思恩格斯全集》第 3 卷,人民出版社 1960 年版,第 35 页。

污染的治理,要不惜用真金白银来还债。"①

就其关系范畴而言,"人与自然和谐共生"理念不同于"天定胜人"观念,这是因为,人与自然的生态文明理念认知,在于人能够通过实践形成指导实践的经验、文化和意识。恰如恩格斯所指出的:"事实上,我们一天天地学会更加正确地理解自然规律,学会认识我们对自然界的惯常行程的干预所引起的比较近或比较远的影响。"②显然,这也不同于"人定胜天"观念,因为,它强调人在改造自然的过程中需要尊重自然、顺应自然、保护自然,是对"人类中心主义"理念的反思。

习近平认为,生态文明的核心是坚持人与自然和谐共生。人生活在大自然当中,以自然界为生存之源、发展之本,在与自然的相互作用中,创造和发展了人类文明。在这个历程中,只要人类在认识和遵循自然规律的基础上调节人与自然的关系,就能实现人与自然的协调发展。特别需要指出,在当下的中国,尽管人们已经逐步认识到"人与自然和谐共生"的重要性与必要性,但在实践中,伪生态文明现象,甚至是反生态的现象还大量存在。所谓"伪生态文明建设",其突出特点是违背自然规律、超越生态承载能力和环境容量建设。如城市绿地建设,一些城市为迅速达到美化城市、提高城市森林覆盖率的目的,投入巨资,购买大树甚至将古树移栽到城市。这种绿化模式,对于大树或古树的原有地来说,等同于一次生态洗劫,而树木移植到新的地方,也未必能形成新的生态环境。此外,还有许多缺水城市投入巨大的人力财力物力,建设人工湖泊,喷灌人工草地,这种违背自然规律的"绿水青山",同样也是对生态环境的严重破坏,既违背了生态文明建设尊重自然、顺应自然的初衷,也是不可持续的。再者还有一些地方打着生态文明建设的旗号,今天植草坪,明天改花园,后天栽大树。这种生态折腾不但没有产生任何价值,而且成本巨大,显然与生态文明建设的初衷背道而驰。习近平敏锐地观察到了这种现象,他指出:"为什么这么多城市缺水?一个重要原因是水泥地太多,把能够涵养水源的林地、草地、湖泊、湿地给占用了,切断了自然的水循环,雨水来了,只能当作污水排走,地下水越抽越少。解决城市缺水问题,必须顺应自然。比如,在提

---

① 习近平:《之江新语》,浙江人民出版社 2007 年版,第 141 页。
② 《马克思恩格斯全集》第 20 卷,人民出版社 1971 年版,第 519 页。

升城市排水系统时要优先考虑把有限的雨水留下来,优先考虑更多利用自然力量排水,建设自然积存、自然渗透、自然净化的'海绵城市'。"①因而,发展必须是遵循经济规律的科学发展,必须是遵循自然规律的可持续发展,必须是遵循社会规律的包容性发展。

党的十八大以来,习近平总书记多次明确要求,要尊重自然、顺应自然、保护自然,推动形成人与自然和谐发展的现代化建设新格局。习近平指出:新农村建设一定要走符合农村实际的路子,遵循乡村自身发展规律,充分体现农村特点,注意乡土味道,保留乡村风貌,留得住青山绿水,"记得住乡愁"。习近平强调,要尊重自然、顺应自然、保护自然,坚决筑牢国家生态安全屏障。

生态文明理念,事关人类地球家园。在诸多重大国际场合,习近平同样多次传播人与自然和谐这一理念,以传达当代中国实现人与自然和谐发展的坚定信心。习近平阐述了我国尊崇自然、绿色发展的生态理念,这既是向世界阐述后工业时代我国的发展目标——"我们要解决好工业文明带来的矛盾,以人与自然和谐相处为目标,实现世界的可持续发展和人的全面发展"②,同时,也是向世界表达中国勇于承担国际责任的决心——"建设生态文明关乎人类未来。国际社会应该携手同行,共谋全球生态文明建设之路,牢固树立尊重自然、顺应自然、保护自然的意识,坚持走绿色、低碳、循环、可持续发展之路。在这方面,中国责无旁贷,将继续作出自己的贡献"③。

二、推进美好城市和美丽乡村建设

对于新型城镇化的建设理念,习近平指出,城镇建设要体现尊重自然、顺应自然、天人合一的理念,依托现有山水脉络等独特风光,让城市融入大自然,让居民望得见山、看得见水、记得住乡愁。这是对我国优秀传统文化和规划理念的继承和发展,也是党中央对新型城镇化顶层设计和建设指导理念的升华,更是每一位城镇居民对美好生活的向往。既有历史深度,也有决策温度。

城镇化是现代文明的基本标志,新型城镇化建设的人文水平是建设"让生活更美好"的城市和建设"美丽乡村"、加快推进农业农村现代化的生命力所在。剪不断的"乡愁",凝结着源远流长的中华文化和城乡居民对美好生活

---

① 《习近平关于社会主义生态文明建设论述摘编》,中央文献出版社 2017 年版,第 49 页。
② 《习近平关于社会主义生态文明建设论述摘编》,中央文献出版社 2017 年版,第 131 页。
③ 《习近平关于社会主义生态文明建设论述摘编》,中央文献出版社 2017 年版,第 131 页。

的精神追求,"记得住乡愁"是对中华文化的弘扬与繁荣,是坚定文化自信所表现出来的深层次的精神追求和坚守,也是党和政府顺应世情人心的远见卓识和重大决策。从历史发展的视角看,乡愁是拥有五千多年不间断文明历史的中华民族的文化积淀与延续,是中国人民特有的精神思维秉性、群体生活特性和区域居住习性的一种人文表达;从人文发展的视角看,乡愁则内化为特有乡村风貌、民族文化和地域文化特色濡染下的一种习惯、一种记忆和一种精神寄托,在塑造了乡村特有风貌的同时,也为农民提供了丰富的精神食粮。坚持农业农村优先发展,遵循"产业兴旺、生态宜居、乡风文明、治理有效、生活富裕"的总要求,就要满足农民过上美好生活的新期待,在农业农村工作实践创造中,完善农村公共文化服务体系,创新乡村文化经济政策,推动乡村文化创造性转换和创新性发展。

"记得住乡愁"和传统建筑的保护、县域村镇形态密不可分。没有美丽乡村就没有美丽中国,只有每一个县、每一个乡镇、每一个村都变美,"美丽中国"才能成为现实。习近平强调,在促进城乡一体化发展中,要注意保留村庄原始风貌,慎砍树、不填湖、少拆房,尽可能在村庄原有形态上改善居民生活条件。

因此,推动"记得住乡愁"的新型城镇化持续健康发展,建设美丽乡村,不仅要注重在物理和物质意义上,保护和弘扬传统优秀文化,要融入让群众生活更舒适的理念,融入现代元素,通过空间的规划和市场机制促进城镇空间资源和格局的科学、合理、公平配置;更要注重从社会经济意义上,延续城市和乡村历史文脉,真正体现以人为本、尊重地域文化、重视历史传承的社会发展理念,为建成富强民主文明和谐的社会主义现代化国家、实现中华民族伟大复兴的中国梦提供坚实的人文支撑与和谐的社会基础。这些都体现在建设"美丽乡村""让生活更美好"的城市和协调推进新型城镇化和新农村建设的每一个细节中。

科学规划和推进以人为核心的"美丽乡村"和新型城镇化建设,要树立"望得见山,看得见水"的人与自然观。从新型城镇化建设的"硬"要求来看,"记得住乡愁"是新型城镇化和美丽乡村建设的精神要求,是统筹城乡协调发展、同步发展,提高广大农民群众幸福感和满意度的必然选择。"产业兴旺、生态宜居、乡风文明、治理有效、生活富裕"的美丽乡村是实现美丽中国的必由之路,主要体现在四个方面:一是具有优美环境,山清、水秀、天蓝、地洁,解决生态问题,这是中国民众最普遍的诉求;二是具有城乡一体、公共服务完备的基础设施,积极为广大农民谋福祉,切实提升农民群众的生活满意度;三是具有产业支撑,弥补发展的农村短板,百姓增收致富有途径,巩固好全面小康社会成果;四是具有文化传承,顺应城乡一体化发展的历史趋势,注重乡村良好的自然生态品质,凸显乡土特色和人文环境。城市风貌和乡村风貌是社会文化基因在特定地理区域中的外在直观展现。习近平指出:"博大精深的中华优秀传统文化是我们在世界文化激荡中站稳脚跟的根基。"①。这些重要论断深刻阐明了发展繁荣中华历史文化对于中华民族伟大复兴的重要意义,也深刻阐明了发展繁荣中华文化在我国新型城镇化进程中的时代使命与责任担当、新型城镇化规划和"美丽乡村"建设应有的价值追求。

当前,我国已由以乡村型社会为主体的城乡发展时期,进入以城市型社会、城市人口为主体的新时代。"记得住乡愁",开展新型城镇化建设、推进乡村振兴,一方面,要把创造优良人居环境作为中心目标,以系统工程的思路把握好生产空间、生活空间、生态空间的联系,以自然为美把山水风光和田园有机融入城镇建设,以自然恢复为主大力开展环境保护生态修复,遵循绿色发展、循环发展、低碳发展的理念,规划和布局区域、城际和城市内部交通、能源、供排水、供热、污水和垃圾处理等基础设施网络和城市生命线,节约集约利用土地、水、能源等生产中的投入要素资源,让城市再现绿水青山,推动形成绿色低碳的生产生活方式和城市建设运营模式;另一方面,不能丢了"文化"这个根本,相反,要重视文化,尤其是中华文化,要充分体现中华元素、文化基因,还要虚心学习其他先进文化,借鉴其他文化特色,为城市营造浓厚的文化气息,增强城市本身的吸引力与魅力,把城市建设成为人与人、人与自然"和谐共处""和实生物""生生不息"的美丽家园,推进社会的和谐发展。

从科学规划的视角看,"记得住乡愁"要规划先行,严守环境质量底线生态资源红线。《国家新型城镇化规划(2014—2020年)》提出,要根据不同地区的自然历史文化禀赋,体现区域差异性,提倡形态多样性,防止千城一面,发展有历史记忆、文化脉络、地域风貌、民族特点的美丽城镇,形成符合实际、各

---

① 《习近平谈治国理政》(第一卷),外文出版社2018年版,第164页。

具特色的城镇化发展模式。随着新型城镇化的推进,以人为本、尊重自然、传承历史、绿色低碳的理念将日益融入新型城镇化规划、"美丽乡村"建设和乡村振兴的全过程,这不仅赋予了建设"让生活更美好"的城市和"美丽乡村"新理念,更体现了以人为本、"留住乡愁"的新型城镇化要求。城镇化并非要急剧扩张城市规模,而是"要严控增量,盘活存量",要通过集约化利用建设土地,守住耕地等资源和生态保护的红线,不能无节制地扩大建设用地,甚至要适度"减少工业用地",以保护耕地、园地、菜地等农业空间,形成生产、生活、生态空间的合理结构。"记得住乡愁"要高度重视生态安全,建立资源环境承载能力监测预警机制,扩大森林、湖泊、湿地等绿色生态空间比重,增强水源涵养能力和环境容量,让人们在生活空间里能够"望得见山、看得见水"。

　　"记得住乡愁",就是要在规划先行时,注重山水形胜、注重历史遗存和文化标志。要在此基础上把握城镇发展的脉络,体现尊重自然、顺应自然、天人合一的理念。当前,我国在积极推进的新型城镇化进程中,也存在不少贪大求洋和照搬照抄、一味倚重物质主义、大干快上、长官意志,甚至在改造的同时将故有的文化遗产推倒,建起一片文化沙漠的发展现象,损伤了城市的自然景观和文化个性;而一些农村地区的大拆大建,同样导致了乡土特色和民俗文化的流失。如果一座座新城让在这里祖辈生长的人民感觉到陌生,而重新定位生活,一定是人文内涵的巨大损失。因此,在加快城镇化的进程中,决策要民主、规划要科学、实施要慎重,切莫捡了芝麻、丢了西瓜。

　　"记得住乡愁",就是在开展"美丽乡村"建设和推进乡村振兴中,加强推进文化遗存的保护。要保护那些历史建筑、传统民居和古村名树,甚至包括那些很讲究的街巷规划和建筑小品的点缀。这些都是中华民族长期形成的民族特色,也是祖祖辈辈的习俗遵循以及几百年永续传承的文化记忆。从实践看,注重规划引领,并通过项目形式进行推进,是"美丽乡村"建设的一条重要经验。推进农村人居环境整治,关键是要做到规划先行,既充分发挥规划对实践的规范指导作用,又始终坚持把规划实施作为工作推进的基本环节,做到"符合规律不折腾、统筹推进不重复、长效使用不浪费"。编制美丽乡村规划要因地制宜,尊重群众意愿,注重规划和项目的可操作性。在总体规划布局上,需结合各村的地理区位、资源禀赋、产业发展等情况,在空间上考虑业态功能的互补和承接不同客源市场,论证确定美丽乡村重点村及核心项目,优化方案,优选项目,有序开展,集中财力,"不撒胡椒面"。注重项目实施可行性,不求大而全,不搞大拆大建,集约利用土地。

"记得住乡愁",就是在新型城镇化建设进程中,要"本着对历史负责、对人民负责的精神",坚持"从历史走向未来,从延续民族文化血脉中开拓前进",保护和继承优秀传统文化,保留独特文脉和历史遗产。一是要在遵循我国主体功能区划和生态功能区划的基础上,结合本地区的历史传承、区域文化、时代要求,加强城镇空间的规划和用途管控,把城镇文脉延续性融入城镇空间立体性、平面协调性、风貌整体性之中,保护好前人留下的文化遗产,留住城市特有的地域环境、文化特色、建筑风格等"基因",让文物说话、把历史智慧告诉人们,培育本地区的城镇自然风貌和时代精神,凝聚人心,以建立本地区居民的自豪感、自信心和归属感。二是处理好"城市改造开发和历史文化遗产保护利用的关系,切实做到在保护中发展、在发展中保护",加强对中华优秀传统文化的挖掘和阐发,弘扬时代精神,努力实现中华传统美德的创造性转化、创新性发展,外树形象以弘扬城市历史遗产和人文底蕴,打造城镇宜居创业营商"金名片"。

三、为生态文明建设提供法治和制度保障

建设生态文明是一场涉及生产方式、生活方式、思维方式和价值观念的深刻变革。实现这样的根本性变革,必须依靠制度和法治。我国生态环境保护中存在的一些突出问题,大都与体制不完善、机制不健全、法治不完备有关。习近平指出:"只有实行最严格的制度、最严密的法治,才能为生态文明建设提供可靠保障。"①应当高度重视制度、法治建设在生态文明建设中的硬约束作用,以改革创新的精神,以更大的政治勇气和智慧,不失时机地深化生态文明体制和制度改革,坚决破除一切妨碍生态文明建设的思想观念和体制机制弊端;必须建立系统完整的制度体系,用制度保护生态环境;必须实现科学立法、严格执法、公正司法、全民守法,促进国家治理体系和治理能力现代化。

生态文明也必须依靠法治实现国家治理体系和治理能力的现代化。党的十八届四中全会《决定》提出:"用严格的法律制度保护生态环境,加快建立有效约束开发行为和促进绿色发展、循环发展、低碳发展的生态文明法律制度,

---

① 《习近平关于社会主义生态文明建设论述摘编》,中央文献出版社 2017 年版,第 99 页。

强化生产者环境保护的法律责任,大幅度提高违法成本。建立健全自然资源产权法律制度,完善国土空间开发保护方面的法律制度,制定完善生态补偿和土壤、水、大气污染防治及海洋生态环境保护等法律法规,促进生态文明建设。"①基于此:

第一,科学立法是前提。习近平指出:"实践发展永无止境,立法工作也永无止境,完善中国特色社会主义法律体系任务依然很重。"②生态文明立法也是这样。随着生态文明建设的不断深入,我国现行的生态保护法律法规不能完全适应我国生态环境保护和建设的迫切需要。如立法理念和立法指导思想陈旧;现行的环境资源立法中存在部分立法空白、配套法规制定不及时、其他环境管理手段缺乏法律依据;部分规定已不适应经济社会发展的需要,缺乏适时性;部分法律存在前法与后法不够衔接、相关法律规定不一致的问题,给环境责任认定带来一定的难度;部分法律规定过于抽象,操作性不强,难以得到有效实施。因此,我国生态法治建设任务依然艰巨,尤其是国际经济形势复杂多变,给生态法治建设提出了一系列新任务、新课题。加强立法已经是生态文明法治建设的头等大事。

首先,传统立法以权利为出发点的立场或者以权利为本位的法治意识应当得到根本的扬弃。从根本上讲,按照尊重自然、保护自然和顺应自然的生态文明理念,生态立法必须受生态规律的约束,只能在自然法则许可的范围内编制。立法者应当学会让自己的意志服从自然规律,自觉地把生态规律当作制定法律的准则,注意用自然法则检查通过立法程序产生的规范和制度的正确与错误。如果说立法活动常常都伴随有平衡、协调的工作,那么,生态文明条件下的立法首先要协调的是人类惯常的开发自然的活动与生态保护之间的关系,而不再只是在民族、政党、中央与地方、整体与局部等社会关系领域内搞平衡。

其次,以党的十九大提出的"社会主义生态文明观"为指导,促进环境法向生态法的方向发展,逐步实现中国环境法的生态化。实现将立法重心由现行的"经济优先"向"生态与经济相协调"转变。倡导人口与生态相适应,经济

---

① 《十八大以来重要文献选编》(中),中央文献出版社 2016 年版,第 164 页。
② 《十八大以来重要文献选编》(中),中央文献出版社 2016 年版,第 149 页。

与生态相适应。环境基本法下的各单行法在立法目的、立法原则和立法内容等方面均应体现这一精神。生态文明的理念还应纳入刑事法律、民商法律、行政法律、经济法律、诉讼法律和其他相关法律,促进相关法律的生态化。

最后,推进科学立法、民主立法,是提高立法质量的根本途径。科学立法的核心在于尊重和体现客观规律,民主立法的核心在于为了人民、依靠人民。要完善科学立法、民主立法机制,创新公众参与立法方式,广泛听取各方面意见和建议。

第二,严格执法是关键。习近平指出:"法律的生命力在于实施,法律的权威也在于实施。'天下之事,不难于立法,而难于法之必行。'如果有了法律而不实施、束之高阁,或者实施不力、做表面文章,那制定再多法律也无济于事。全面推进依法治国的重点应该是保证法律严格实施,做到'法立,有犯而必施;令出,唯行而不返'。"①

环境执法是保障生态环境安全的重要手段之一。由于历史和现实的各方面原因,我国环境保护行政执法目前还存在种种问题和困难,部分地方领导环境意识、法治观念不强,对保护环境缺乏紧迫感,甚至把保护环境与发展经济对立起来,强调"先发展后治理""先上车后买票""特事特办";一些地方以政府名义出台"土政策""土规定",明文限制环保部门依法行政,明目张胆地保护违法行为,给环境执法和监督管理设置障碍,导致不少"特殊"企业长期游离于环境监管之外,所管辖的地区环境污染久治不愈,环境纠纷持续不断;一些企业甚至暴力阻法、抗法。一些地方对环境保护监管不力,甚至存在地方保护主义。有的地方不执行环境标准,违法违规批准严重污染环境的建设项目;有的地方对应该关闭的污染企业下不了决心,动不了手,甚至视而不见,放任自流;还有的地方环境执法受到阻碍,使一些园区和企业环境监管处于失控状态。这种状况不改变,生态立法就是空中楼阁,无从谈起。

第三,公正司法是保障。习近平指出:"司法是维护社会公平正义的最后一道防线。我曾经引用过英国哲学家培根的一段话,他说:'一次不公正的审判,其恶果甚至超过十次犯罪。因为犯罪虽是无视法律——好比污染了水流,而不公正的审判则毁坏法律——好比污染了水源。'这其中的道理是深刻的。

---

① 《十八大以来重要文献选编》(中),中央文献出版社 2016 年版,第 150 页。

如果司法这道防线缺乏公信力,社会公正就会受到普遍质疑,社会和谐稳定就难以保障。"①

　　所谓环境司法,以广义角度看,是对环境相关的司法活动的统称。当前,环境司法面临的普遍性问题突出表现在四个方面:一是涉及环境保护案件取证难,法律适用难,裁决执行难。涉及环境保护案件一般具有跨区域、跨部门的特点,加之发生危害结果的滞后和相关法律依据的缺失,导致了上述困难。二是涉及环境保护案件的鉴定机构、鉴定资质、鉴定程序亟需规范。三是主管环境资源的各部门与司法部门缺乏有效配合,司法手段与行政手段的衔接难,致使大量破坏环境资源的案件未进入司法程序。四是人民法院对加强环境司法保护的意识有待增强,涉及环境案件的审判力量不足,相关案件的立案、管辖以及司法统计等有待规范。

　　公益诉讼在古罗马时期已然形成,与私益诉讼区分而言,公益诉讼是保护社会公共利益的诉讼,除法律有特别规定外,凡市民均可提起。20世纪中期以来,日益严重的环境问题和逐渐高涨的环保运动使环境权作为人身权的一种受到公众的关注。因而,公民环境诉讼的活跃程度也是判断环境法实施程度的标志。在美国,为了鼓励公民环境诉讼,美国《清洁水法》规定,起诉人胜诉后,败诉方承担起诉方花费的全部费用,国家再对其给予奖励;美国《垃圾法》规定,对环境违法人提起诉讼的起诉人可得罚金的一部分。就此而言,仅以我国《民事诉讼法》第一百一十九条规定"原告是与本案有直接利害关系的公民、法人和其他组织"而言,环境诉讼的主体资格的认定条件已经涉及对公益诉讼主体资格的认定问题。习近平就此专门论述指出:"在现实生活中,对一些行政机关违法行使职权或者不作为造成对国家和社会公共利益侵害或者有侵害危险的案件,如……生态环境和资源保护等,由于与公民、法人和其他社会组织没有直接利害关系,使其没有也无法提起公益诉讼,导致违法行政行为缺乏有效司法监督,不利于促进依法行政、严格执法,加强对公共利益的保护。由检察机关提起公益诉讼,有利于优化司法职权配置、完善行政诉讼制度,也有利于推进法治政府建设。"②

①　《十八大以来重要文献选编》(中),中央文献出版社2016年版,第151页。
②　《十八大以来重要文献选编》(中),中央文献出版社2016年版,第153—154页。

第四，全民守法是基础。习近平指出："法律的权威源自人民的内心拥护和真诚信仰。人民权益要靠法律保障，法律权威要靠人民维护。"①必须弘扬社会主义法治精神，使全体人民成为社会主义法治的忠实崇尚者、自觉遵守者、坚定捍卫者。孔子提出："道之以政，齐之以刑，民免而无耻。道之以德，齐之以礼，有耻且格。"生态环境是最公平的公共产品，是最普惠的民生福祉。每一个生活在地球上的人，其生存、发展和最后融入自然，莫不与环境相关。从中华文化的角度看，生态文化始终是传统文化的核心，体现了中华文明的主流精神，中国儒家提出"天人合一"，中国道家提出"道法自然"，历朝历代，皆有对环境保护的明确法规与禁令。中华民族始终把生态意识作为内心守护中国几千年传统文化的主流意识。从这个意义上讲，全民守法与全民建设生态文明，两者是一致的。

第三节　绿水青山与金山银山的辩证统一

"绿水青山就是金山银山"是对马克思主义社会历史的自然观的发展。生态问题是一个社会问题，只有从根本上变革社会生产方式和消费方式乃至技术发展模式，才能真正克服人与自然的疏离。长期以来，由于片面注重经济增长速度，环境污染不断加剧、资源不断消耗、各种生物的生存空间不断受到挤压。那么，在实践中，应如何处理经济发展与生态环境保护的关系？就此，习近平指出："我们既要绿水青山，也要金山银山。宁要绿水青山，不要金山银山，而且绿水青山就是金山银山。"②

一、兼顾绿水青山和金山银山

当下，资源约束趋紧、环境污染严重、生态系统退化形势严峻，人类社会可持续发展面临严重挑战。为解决生态环境问题，积极应对挑战，自 20 世纪 70年代以来，在世界范围内兴起了环境保护、可持续发展、绿色经济等各种学术思潮、社会运动、政府行动和市场探索。人类对工业文明的模式及传统粗放型发展方式进行反思，重新审视与定位人与自然的关系，探寻可持续发展的路

① 《十八大以来重要文献选编》（中），中央文献出版社 2016 年版，第 172 页。
② 《习近平关于社会主义生态文明建设论述摘编》，中央文献出版社 2017 年版，第 21 页。

径。生态文明建设就是中国共产党人在这样的宏观背景下所作出的战略创新与率先实践，其理论基础及指导思想的核心就是习近平总书记提出的"两山论"。经过十年的理论发展和实践检验，"两山论"日臻成熟，并被写进了中央文件。"两山论"成为指导中国加快推进生态文明建设的重要指导思想和本届党中央治国理政思想的重要组成部分。

在这个重要论述中，习近平以"绿水青山"表征生态环境保护，以"金山银山"表征经济发展。一方面，"绿水青山既是自然财富，又是社会财富、经济财富"①；另一方面，遵循马克思主义基本观点，没有经济的发展，就会导致贫穷和极端贫困的普遍化。我们不能把生态环境保护和经济发展对立起来，要在生态文明建设中实现经济发展和生态环境保护的共赢。在此基础上，还必须深刻认识到，绿水青山和金山银山都是民生所愿，但是，并非任何金山银山都必然能带来绿水青山。如果经济发展仅仅带来了物质财富的积聚，而付之以高昂的生态环境为代价，那么，这种经济发展不是真正意义上的科学发展，这种经济发展方式必须予以扬弃。换言之，"绿水青山和金山银山决不是对立的，关键在人，关键在思路"②。问题不在于要不要"金山银山"，而在于要以怎样的方式获取"金山银山"。因此，习近平指出当前必须转变不合理的经济发展方式，真正做到科学发展、绿色发展。坚持绿色发展，既要求经济效益与生态效益并重，又要求生态系统提供经济效益，进而提升民众的获得感与幸福感。

"绿水青山"和"金山银山"从本质上指向环境保护与经济发展的关系范畴。如何看待、协调和统一两者之间的关系？习近平指出，"我们追求人与自然的和谐，经济与社会的和谐，通俗地讲，就是既要绿水青山，又要金山银山"③。这是对人与自然、经济与社会的概括，指出人类文明发展的导向就是"人与自然的和谐，经济与社会的和谐"，同时也阐释了全面深化改革过程中发展经济与保护生态环境二者之间的辩证关系，经济要发展，生态环境要保护。当下，我国社会的主要矛盾已经转化为人民日益增长的美好生活需要和不平衡不充分的发展之间的矛盾。"我们要建设的现代化是人与自然和谐共

---

① 《习近平关于社会主义生态文明建设论述摘编》，中央文献出版社 2017 年版，第 23 页。
② 《习近平关于社会主义生态文明建设论述摘编》，中央文献出版社 2017 年版，第 23 页。
③ 习近平：《之江新语》，浙江人民出版社 2007 年版，第 153 页。

生的现代化,既要创造更多物质财富和精神财富以满足人民日益增长的美好生活需要,也要提供更多优质生态产品以满足人民日益增长的优美生态环境需要。"①

发展是硬道理,实现经济社会发展与环境保护和谐共生,从整体上维护人的发展与自然生态系统的动态平衡,实际上是人类社会诞生以来亘古不变的主题,只是在人类社会发展进步的不同阶段,主要矛盾和次要矛盾的主要表现形式、矛盾的主要方面和次要方面的相互转换形态不同而已。马克思指出:"任何人类历史的第一个前提无疑是有生命的个人的存在。……任何历史记载都应当从这些自然基础以及它们在历史进程中由于人们的活动而发生的变更出发。"②"只有在社会中,自然界才是人自己的人的存在的基础。只有在社会中,人的自然的存在对他来说才是他的人的存在,而自然界对他说来才成为人。"③因而,既要绿水青山,也要金山银山,两者都是人类经济社会发展的重要因素,不可偏颇。

我们通常讲,衣食住行,这是人类生存的大基本需要。怎样满足人类生存的基本需求,如何把这个问题解决好,就要归结到社会产品生产什么、如何生产、如何流通和如何分配的问题。经济发展是人类社会一直致力追求的目标。因此说,发展是第一位的,但理解什么是发展以及如何实现发展,则是我们开展各项工作和正确行动的关键。世界上没有可以凭空变出金银财宝的聚宝盆、摇钱树,会开饭的桌子也只能出现在童话里。财富从哪里来?古人讲,民生在勤,勤则不匮。马克思唯物史观始终认为,社会财富的创造和积累,是通过人类的辛勤劳动,从大自然中创造而来。自有人类社会以来,人类在长期的生产斗争、生产实践和科学实验中,不断地认识自然、利用自然、改造自然,让自然为人类谋利益,从而推动人类社会不断前进。

在人类社会的不同发展阶段,有不同的追求和侧重不同的需求,但不管在什么发展阶段,坚持发展要务不能动摇,离开了发展,什么事情都无从谈起。对饱受磨难的近现代中国经济社会发展尤其如此。由于贫穷落后,中华民族近现代史中所承受的磨难和发展的艰辛让每一个中国人刻骨铭心,对发展的

---

① 《习近平谈治国理政》(第三卷),外文出版社 2020 年版,第 39 页。
② 《马克思恩格斯全集》第 3 卷,人民出版社 1960 年版,第 23—24 页。
③ 《马克思恩格斯全集》第 42 卷,人民出版社 1979 年版,第 122 页。

渴求尤其迫切。改革开放以来,工业化、城镇化进程突飞猛进,工业文明的发展范式成为主流。经济社会发展、综合国力和国际影响力实现历史性跨越。中国人民以自己的勤劳、坚韧、智慧创造了世界经济发展史上令人赞叹的"中国奇迹"。

以中华人民共和国成立 65 周年时国家统计局的统计数据为例,1953—2013 年,我国国内生产总值(GDP)按可比价计算增长了 122 倍,年均增长 8.2%。1952 年国内生产总值只有 679 亿元,1978 年增加到 3645 亿元,居世界第十位。改革开放以来,GDP 年均增长 9.8%,增长速度和高速增长持续的时间均超过经济起飞时期的日本和韩国。GDP 连续跃上新台阶,1986 年超过 1 万亿元;1991 年超过 2 万亿元;2001 年超过 10 万亿元;2010 年达到 40 万亿元,超过日本成为世界第二大经济体;2013 年达到 568845 亿元,占全球 GDP 比重达到 12.3%。我国人均 GDP 由 1952 年的 119 元增加到 2013 年的 41908 元(约合 6767 美元),根据世界银行划分标准,我国已由低收入国家迈进上中等收入国家行列。在这个过程中,应该说,毁山开矿、填塘建厂、追求"短平快"的经济效益、匆匆上马"两高一低"项目现象普遍;经济增长过快相伴而生的不平衡、不协调、不可持续的矛盾还很突出。但总体看,这个时期,恰恰是习近平总书记所说的"既要绿水青山,也要金山银山"阶段。对此,习近平指出:"我国生态环境矛盾有一个历史积累过程,不是一天变坏的,但不能在我们手里变得越来越坏。共产党人应该有这样的胸怀和意志。"①

经济社会发展新常态下,绿色发展、低碳发展、循环发展成为经济社会发展的主流声音和实践导向。然而,不论是绿色、低碳还是循环,抑或是生态,都是为了发展。发展在当代中国,仍然是党执政兴国的第一要务。恰如习近平所指出:"只要国内外大势没有发生根本变化。坚持以经济建设为中心就不能也不应该改变。这是坚持党的基本路线 100 年不动摇的根本要求,也是解决当代中国一切问题的根本要求。"②与此同时,需要注意的是,作为金山银山的根本来源,绿水青山是人类可持续生存发展的基础,必须坚决守护。习近平指出:"如果仍是粗放发展,即使实现了国内生产总值翻一番的目标,那污染

① 《习近平关于社会主义生态文明建设论述摘编》,中央文献出版社 2017 年版,第 8 页。
② 《习近平谈治国理政》(第一卷),外文出版社 2018 年版,第 153 页。

又会是一种什么情况？届时资源环境恐怕完全承载不了。"①。警示我们控制好人的贪婪,对大自然始终怀持敬畏之心,要懂得按自然规律办事,同时阐明了造成绿水青山与金山银山矛盾对立的深层因素,就在于单向度、主客对立的错误思维方式和线性发展方式。

发展必须是遵循自然规律的可持续发展,这是我们从无数经验教训中得出的必然结论,是我国进一步深化改革的必然选择。我们必须考虑工业化和经济增长的边界,一味地开发或者毁灭性地利用自然资源,我们将失去那些尚未被市场认可的自然资源的选择价值和存在价值,最终人类的发展也将难以为继。

当前,进行生态文明建设,目标就是实现人与自然的和谐发展,要的是发展中的保护,既不是要回到原始的生产生活方式,也不是继续工业文明追求利润最大化的发展模式,而是要达到包括生态价值在内的经济、生态、社会价值的最大化,要求遵循自然规律,尊重自然、顺应自然、保护自然,以资源环境承载能力为基础,建设生产发展、生活富裕、生态良好的文明社会,谋求可持续发展。"生态兴则文明兴,生态衰则文明衰"②,这需要我们按照"五位一体"的总体布局和"四个全面"的战略布局,坚持"绿色发展",把节约优先、保护优先放在突出的位置,在发展中保护,在保护中发展,实现经济社会发展和生态环境保护齐头并进,让群众在享受经济发展带来的实惠的同时,感受到生活工作环境的改善,从而全方位地提升人民群众的幸福指数。

习近平总书记"既要绿水青山,也要金山银山"的论断,体现了中国共产党人的发展理念,是对发展内涵的再认识,亦是对旧有的粗放式发展方式的反思,坚定了中国要走绿色发展道路的选择。这一论断充满了生态学方法的理念,创新性地应用了马克思主义哲学的"两点论"和"系统论"的思维方法,明确了发展是第一要务,要求我们以发展的眼光引领一个新的生态文明时代的到来。

二、把绿水青山摆在突出位置

当经济发展与环境保护两个对立统一的问题同时呈现在人们面前的时

---

① 《习近平关于社会主义生态文明建设论述摘编》,中央文献出版社 2017 年版,第 5 页。
② 《习近平关于社会主义生态文明建设论述摘编》,中央文献出版社 2017 年版,第 6 页。

候,习近平一针见血地指出:"中国明确把生态环境保护摆在更加突出的位置。我们既要绿水青山,也要金山银山。宁要绿水青山,不要金山银山,而且绿水青山就是金山银山。我们绝不能以牺牲生态环境为代价换取经济的一时发展。"①一旦经济发展与生态保护发生冲突和矛盾时,必须毫不犹豫地把保护生态放在首位,而绝不可再走用绿水青山去换金山银山的老路。这就是说,并非任何金山银山都必然带来绿水青山,各行为主体为什么要做到"宁要绿水青山,不要金山银山"?内在动因就在于"绿水青山就是金山银山",在于"保护生态环境就是保护生产力、改善生态环境就是发展生产力"②。这些充分表明了党中央对加强环境保护的坚定意志和坚强决心,也是我们党对中国特色社会主义规律认识的进一步深化。

在人类的生存空间里,社会系统、经济系统和自然系统通过人类的活动耦合成为复合的生态系统,即人类社会生态系统。在这个系统中,各要素相互依存、相互制约、相互作用。人类的经济活动受到自然生态系统容量的限制,而人类经济活动的结果——社会系统和经济系统又反作用于自然生态系统。每个系统既独立又开放,既有自身运行规律,又受其他系统的影响与制约,只有当各个系统彼此适应,输入输出总体对等的时候,整个复合生态系统才能达到平衡,才能稳定、持续地良性循环下去。在常规的经济增长分析中,环境因素虽然一直没有明确纳入投入产出的分析内容,但环境对经济系统的制约始终存在。尤其是随着经济的增长,资源消耗速率超越资源的更新速率,废弃物的排放超出环境自我净化能力的时候,环境问题逐渐尖锐和凸显。当技术进步仍不能保证经济发展处于环境可承载的负荷范围时,环境提供资源的能力不再是呈现环境库兹涅茨曲线所表达的退化,而是完全丧失其生产和再生产的能力。届时,生态系统平衡遭受破坏,即使再花大力气进行修复,也很难恢复原有生态,这即是所谓"环境的不可逆性"。

在这方面,我国古人有丰富的生态智慧。中国的哲学家就阐发了"天地与我并生,而万物与我为一"的生态系统论哲学思想。《逸周书》亦曾有记载:"夫然则有生而不失其宜,万物不失其性,人不失七事,天不失其时,以成万

---

① 《习近平关于社会主义生态文明建设论述摘编》,中央文献出版社 2017 年版,第 20—21 页。

② 《习近平关于社会主义生态文明建设论述摘编》,中央文献出版社 2017 年版,第 20 页。

财。"人类只有与资源和环境相协调,和睦相处,才能生存和发展。生态环境是人类生存发展的重要生态保障,亦是一个国家或地区综合竞争力的重要组成部分。大量的事例证明,什么时候我们做到了尊重自然、敬畏自然、保护自然,经济社会才会健康发展,任何与自然为敌、试图凌驾于自然法则之上的做法都必然遭到自然界的报复。

当下,生产力的巨大进步和生产技术的重大突破,使自然资源的消耗速度大大超过了其自身的修复速度,而人类活动产生的大量生产生活垃圾以及有毒有害物质超过了环境的消纳能力,即所说的生态环境容量。人类的生存环境不断恶化,清新的空气被污染,洁净的水源被污染,重金属污染的土壤所生产的有毒有害农产品损害着人们的健康,气候在变暖,资源在枯竭,生态在退化,城市边界无限制地扩张,台风、洪水、干旱等自然灾害在人为影响下连年增加,人类社会的发展面临难以持续的挑战。从生态系统恶化的趋势来看,既有常见的非生物类有毒有害物质排放造成大气、水体、土壤成分改变的危害,还有如臭氧层空洞、温室气体排放导致的全球气候变化等全球性危害。此外,对于煤炭、石油等不可再生资源的破坏性、浪费性开采使用,以及生物类资源的破坏导致的如物种灭亡、生物多样化减少等,生物的、非生物的破坏相互影响相互推动,共同推动生态环境恶化,都使得地球生态环境濒临人类生存环境的极限。

中国是一个有 14 亿多人口的大国,建设现代化国家,不能走欧美老路。能源资源相对不足、生态环境承载能力不强,已成为我国的基本国情。发达国家一两百年出现的环境问题,在我国 40 多年来的快速发展中集中显现,呈现明显的结构型、压缩型、复合型等特点,旧的环境问题尚未解决,新的环境问题接踵而至。走老路,无节制消耗资源,不计代价污染环境,将使社会发展难以为继。对此,习近平指出:如果仅仅靠山吃山很快就坐吃山空了。这里的生态遭到破坏,对国家全局会产生影响。生态等到污染了、破坏了再来建设,那就迟了。"对破坏生态环境的行为,不能手软,不能下不为例。"①这即明示我们要尊重自然,对大自然始终怀持敬畏之心,要懂得按自然规律办事。人是自然界的产物,也是自然界的一部分,人类的生存发展离不开自然环境。保护好自

---

① 《习近平关于社会主义生态文明建设论述摘编》,中央文献出版社 2017 年版,第 107 页。

然,就是保护好人类自身,社会和生产的发展才有根本的保障。

在过去很长一段时期,我们一直认为环境保护与财富增长是相互独立甚至对立的关系,这是认识的误区。同时,由于考核体系不完善,在错误政绩观的引导下,一些地方在发展过程中一味追求 GDP,以 GDP 论英雄,用绿水青山去换金山银山,资源破坏和浪费严重,环评走形式、走过场,不该上马的污染企业上马了,不该审批的违规项目审批了,重大污染事件频频发生。这种唯 GDP 至上的发展方式使少数人得利,却极大地损害了广大人民群众的根本利益。生态环境被破坏所造成的危害绝大多数是日积月累之后才被发现或者恶化的。污染物质有可能通过大气、河流、土壤传播,具有扩散性,其危害后果不一定可以在短期内检测到。人们少量摄入污染物质并不一定会立即产生很大的反应,但是当其在人体内慢慢积累,对身体产生的副作用就将逐渐显现。为此,必须终止破坏绿水青山换取金山银山之类的竭泽而渔的局面。习近平一再强调,绝不能以牺牲生态环境为代价换取经济的一时增长。

绿水青山作为重要的生产要素,破坏了绿水青山,就破坏了生态环境,也就丧失了经济发展的基本条件,丧失了金山银山赖以存在的根基。留得青山在,不愁没柴烧。有了绿水青山,就有永续发展的根基,就可以将绿水青山即生态环境内化为生产力,将生态优势转化成经济优势。绿水青山可以带来金山银山,但是金山银山却买不到绿水青山,没有绿水青山,金山银山亦不可得。当二者发生矛盾时,宁要绿水青山,不要金山银山,必须坚守环境的底线,只有更加重视生态环境这一生产力的要素,更加尊重自然生态的发展规律,保护和利用好生态环境,才能更好地发展生产力,在更高层次上实现人与自然的和谐。

习近平“宁要绿水青山,不要金山银山”的论述,实质上是强调把生态建设和环境保护放在优先位置,强调在“保住绿水青山”的基础上实现可持续发展,是“既要绿水青山,也要金山银山”思想的再升华,是对马克思主义哲学“两点论”和“重点论”的统一,贯穿了人和自然和谐发展,人要尊重自然、顺应自然、保护自然的基本理念,要求我们既要遵循经济发展规律,又要遵循自然发展规律,把对自然发展规律的遵循居于优先地位,当经济发展规律与自然发展规律发生冲突时,必须作出正确的选择,即经济发展以遵循自然发展规律为前提。

三、变绿水青山为金山银山

环境保护的重要性已成为当前的共识,但怎样保护？一种思路是消极的、被动的,那就是放慢改造自然的速度,既不用回到原始丛林去过茹毛饮血的"纯天然原生态"环保生活,又可享有一定的现代工业文明成果。在我国经济发展进入新常态、经济全球化国际竞争加剧的情况下,这虽然也是一种选项,但绝不应该成为我们的选择。我们要做的是积极的保护,是在发展中的保护,依靠科学技术手段,依靠全方位的改革创新,实现更高层次的保护。习近平提出"绿水青山就是金山银山",要变绿水青山为金山银山。

我们曾经存在两种错误观念,一是认为发展必然导致环境的破坏,构成了"唯 GDP 论"的思想基础;二是认为注重保护就要以牺牲甚至放弃发展为代价,成为懒政惰政的借口。习近平"绿水青山就是金山银山"的提出,指出绿色发展方式的转型,确立了生态思维方式,对于纠正上述错误认识具有重要理论意义和实际指导价值。"绿水青山就是金山银山"的论断也深刻揭示了生态文明建设中生态价值实现和生态价值增值的规律,进一步发展和完善了马克思主义价值理论。

马克思劳动价值理论解释了人与人的关系。人类复杂的社会利益关系本质上就是一种价值关系,就人与自然的关系而言,无论人是作为自然界产物的客体,还是作为认识开发利用自然的主体,也体现为价值关系,这是人类社会关系的基础,同时是整个生态系统得以维系的核心。马克思主义经典理论中一直重视自然资源的价值,以绿水青山为形象指代的自然生态环境资源有着自我内部的价值循环,对维护生态系统的稳定和平衡发挥着重要作用,为人类创造生存条件。其实,自然资源除了产生经济产品,还供给呼吸的氧气和清洁的水源,消纳废弃物,美化环境,提升居住在其中的人们的幸福感,可见自然资源不仅具有经济价值,还有生态价值与社会价值。当前,我们大力推进生态文明建设,一个重要的方面是要实现生态观念的转变和更新,不断深化人与自然关系的本质认识,高度重视和还原生态的价值性及财富性,以此奠定新时代生态文明建设的坚实思想基础。

价值导向影响发展方向,在不同的发展阶段,人对自然资源的赋值不同,导致与价值取向相应的行为选择存在巨大差异。工业革命以来,对自然资源价值的片面认识、对马克思主义的机械解读导致资源价值概念外延的人为缩小,为了金山银山,毁坏绿水青山,结果 GDP 上去了,却带来资源短缺、环境污染、生态平衡失调等一系列问题。人类过度开发利用乃至掠夺自然价值,导致自然价值严重透支,引发全球性生态危机,自然价值已经朝负债的方向发展。

习近平"绿水青山就是金山银山"的科学论断,充分体现了尊重自然、重视资源价值、谋求人与自然和谐发展的价值理念,是对马克思主义核心价值理论的传承和发展,是当代中国的东方智慧。

从发展观的角度看,实现绿水青山就是得到金山银山,其实质就是要实现经济生态化和生态经济化。贫穷不是生态文明,发展不能破坏环境。一方面,要保护生态和修复环境,经济增长不能再以资源大量消耗和环境毁坏为代价,引导生态驱动型、生态友好型产业的发展,即经济的生态化;另一方面,要把优质的生态环境转化成居民的货币收入,根据资源的稀缺性赋予它合理的市场价格,尊重和体现环境的生态价值,进行有价有偿的交易和使用,即生态的经济化。经济生态化的发展需要树立正确的价值观,以结构调整为抓手,转方式,调结构,改导向,提质量;生态经济化的推进需要推动产权制度化,实施水权、矿权、林权、渔权、能权等自然资源产权的有偿使用和交易制度,实施生态权、排污权等环境资源产权的有偿使用和交易制度,实施碳权、碳汇等气候资源的有偿使用和交易制度等。

当今,生态环境正日益成为生产力发展的重要源泉和保障。习近平指出,中国特色社会主义进入了新时代,必须按照新时代的要求,提供更多的生态产品,更好满足人民多方面日益增长的需要,更好推动人的全面发展、全体人民共同富裕。马克思主义的生产力理论也已经告诉我们,生产力不仅包括作为劳动者的人及其创造力,而且包括外部生态环境。例如,如果我们坚持资源节约集约利用,依托生态环境优势发展绿色产业,用良好的生态环境吸引高科技人才与以高新技术为核心的现代产业,则优美的生态环境将会成为重要的"天然资本",带来更多的发展机遇,发展潜力也随之得到提升,形成新动能,释放生态红利,绿水青山将源源不断地带来金山银山。以有效实践"两山论"的浙江省为例,实行"八八战略"以来的实践,通过环境保护与推进生态经济相结合来化解两者对立的矛盾,把环境保护与倒逼企业转型升级、改变政府管理方式、推进资源产权制度等联动起来,成功验证了绿水青山可以变成金山银山,且环境保护与财富增长进入相互促进的良性循环,实现了更高质量、可持续的经济增长,破解了在传统工业经济系统内无法解决的诸多难题,开创了自然资本增殖与环境改善良性互动的生态经济新模式。

立足实际创新,把握生态优势与经济优势,发展绿色产业、美丽经济,增加生态产品的供给,变绿水青山为金山银山,没有"放之四海而皆准"的模式,需要具体问题具体分析。各地必须从当地实际出发,因地制宜,积极探索,勇于创新发展,坚持特色化的发展模式。"工业化不是到处都办工业,应当是宜工则工,宜农则农,宜开发则开发,宜保护则保护。"①为此,习近平强调:"让绿水青山充分发挥经济社会效益,不是要把它破坏了,而是要把它保护得更好。关键是要树立正确的发展思路,因地制宜选择好发展产业。"②

中国尚未完成现代化进程,既不同于已经完成经济转型的后工业化国家,也有别于具有生产要素价格优势的工业化初期国家;既面临着加快发展、实现工业化、避免落入中等收入国家陷阱的要求,也面临着资源短缺、环境污染、生态退化、人们追求美好生活的迫切期望、国际竞争五个方面的挑战。在现代化进程中,作为一个有着14亿多人口的负责任的发展中大国,我们必须立足于自己发展理念和发展方式的根本转变。变绿水青山为金山银山,实现绿色发展转型、调整经济结构,是突破资源环境瓶颈制约,实现可持续发展的必然选择。习近平强调"绿水青山和金山银山决不是对立的,关键在人,关键在思路"③。我们对发挥人的主观能动性的肯定,必须满足一个前提,就是要合乎规律性,要坚决戒除和摒弃否定自然、征服自然、改造自然的机械主义观点。推动生产力进入一个新的发展阶段,是当代人和子孙后代生存发展的迫切需要,也是生产力自身解放、内涵拓展发展的战略需要。我们只有还山川以绿色,才能带富饶给百姓,绿水青山本身就是金山银山。习近平进一步指出,"建设生态文明是中华民族永续发展的千年大计。必须树立和践行绿水青山就是金山银山的理念,……坚定走生产发展、生活富裕、生态良好的文明发展道路,建设美丽中国,为人民创造良好生产生活环境,为全球生态安全作出贡献。"④

习近平"绿水青山就是金山银山"的理论是"既要金山银山,也要绿水青

---

① 习近平:《之江新语》,浙江人民出版社 2007 年版,第 186 页。
② 《习近平关于社会主义生态文明建设论述摘编》,中央文献出版社 2017 年版,第 23 页。
③ 《习近平关于社会主义生态文明建设论述摘编》,中央文献出版社 2017 年版,第 23 页。
④ 《习近平谈治国理政》(第三卷),外文出版社 2020 年版,第 19 页。

山"和"宁要绿水青山,不要金山银山"理论的辩证统一,是发展理论的创新,体现了马克思主义理论发展的新高度,极大地丰富和拓展了马克思主义发展观,是中国特色社会主义理论的重大创新。

综观以上分析,习近平"两山论"思想,是从实际出发,从老百姓更关心的问题,基于地方的发展和实践,逐步总结和推进。其表述微言大义,思想深刻系统,形象地表述与概括了发展与保护对立统一的关系,体现了科学的发展观、生态观、价值观以及政绩观的转变和提升。"既要绿水青山,也要金山银山",强调经济发展与环境保护必须兼顾,坚持发展是党执政兴国第一要务这个时代主题;"宁要绿水青山,不要金山银山",强调把生态建设和环境保护放在优先位置;"绿水青山就是金山银山",揭示了生态环境的真正价值,反映了人对自然生态价值的认识回归。

另外,"两山论"客观地分析了发展与保护之间的主次矛盾和矛盾的主次方面,回答了人与自然的关系这个复杂的问题,坚持了"两点论"与"重点论"的统一,是对古老中华文明"天人合一"思想的传承与光大,亦是对中国经济发展实践经验的总结与可持续发展理论的升华。"两山论"的提出,是理论联系实际、理论指导实践的思想性创新和革命性成果,是习近平生态文明思想初步形成的重要标志,是当代中国马克思主义的新发展,展示了美丽中国的建设方向。

第四节　生态文明建设是一个系统工程

习近平生态文明思想坚持自然、人、社会的和谐统一,这是适应中国特色社会主义进入新时代的客观状况,要将生态文明建设作为中国特色社会主义伟大事业的重要部分,并"把生态文明建设融入经济建设、政治建设、文化建设、社会建设各方面和全过程"①。习近平在多个场合强调,必须按照系统工程的思路进行环境治理,全方位推进生态文明建设。

一、树立和践行生态系统观

生态系统是在一定地区内,生物和它们的非生物环境(物理环境)之间进

① 《习近平关于社会主义生态文明建设论述摘编》,中央文献出版社 2017 年版,第 20 页。

行着连续的能量和物质交换所形成的一个生态学功能单位。对生态系统来说,生态平衡是整个生物圈保持正常的生命维持系统的重要条件。生态系统观是习近平生态文明思想的重要构成。

习近平的生态系统观主要体现在三个方面。

第一是提出"山水林田湖草是一个生命共同体"理念。地球生态系统包含森林、草原、荒漠、冻原、沼泽、河流、海洋、湖泊、农田和城市等诸多要素,每个要素也构成一个功能相对缩减的亚生态系统、子生态系统。要保护一个区域的生态平衡,首先就需要把它们作为一个生命共同体来考虑。

第二是重视"尊重自然、顺应自然、保护自然"理念的传播与实践。建立可持续发展的生态系统是生态文明建设的重要内容。要建立一个和谐的生态系统,重要前提条件之一就是要尊重自然,不能盲目构建人为的生态系统。"中国将按照尊重自然、顺应自然、保护自然的理念,贯彻节约资源和保护环境的基本国策,更加自觉地推动绿色发展、循环发展、低碳发展。"[1]

第三是从系统论的角度探索生态保护与环境治理的路径。生态保护与环境治理涉及众多方面,政策措施不全面,就会出现"按下葫芦浮起瓢"的问题。习近平多次强调"环境治理是一个系统工程。"[2]

习近平生态文明思想是习近平新时代中国特色社会主义思想的重要组成部分。在习近平新时代中国特色社会主义思想中,一个具有全局性、前瞻性的创新是提出了"创新、协调、绿色、开放、共享"的新发展理念。党的十八届五中全会提出"创新、协调、绿色、开放、共享"的发展理念,是针对我国经济发展进入新常态、世界经济复苏低迷开出的药方。新的发展理念就是指挥棒,要坚决贯彻。对不适应、不适合甚至违背新的发展理念的认识要立即调整,对不适应、不适合甚至违背新的发展理念的行为要坚决纠正,对不适应、不适合甚至违背新的发展理念的做法要彻底摒弃。同时,新发展理念是不可分割的整体,相互联系、相互贯通、相互促进,要一体坚持、一体贯彻,不能顾此失彼,也不能相互替代。

习近平不仅重视阐述生态系统观,还重视把生态系统观应用到实践。

---

① 《习近平关于社会主义生态文明建设论述摘编》,中央文献出版社 2017 年版,第 20 页。
② 《习近平关于社会主义生态文明建设论述摘编》,中央文献出版社 2017 年版,第 51 页。

1973—2006 年,从村支书到省委书记,习近平的诸多实践都体现了其持续的生态热情和对大自然尊重、敬重的伦理情怀。

小小沼气池,生态理念先。在陕西梁家村,习近平自费到四川省取经,回村修建了陕北第一口沼气池,带领村民建成了全省第一个沼气化村,解决了沼气再利用、村民做饭、照明困难的系列难题。此外,他与村民一起打了两口井后,把旱地变成了水地。再紧接着就是改变地理条件,前后打了五个大坝,打坝造田。

宁肯不要钱,也不要污染。在主政河北省正定县时,习近平于 1985 年制订《正定县经济、技术、社会发展总体规划》,明确提出正定县在 20 世纪末以前环保工作的基本目标:制止对自然环境的破坏,防止新污染发生,治理现有污染源。他特别强调:"宁肯不要钱,也不要污染,严格防止污染搬家、污染下乡。"[1]

资源开发要重视社会、经济、生态等要素的协调性。在主政福建省宁德市时,习近平强调,资源开发不是单一的,而是综合的;不是单纯讲经济效益的,而是要达到社会、经济、生态三者效益的协调。他把开发林业资源作为闽东振兴的一个战略问题来抓,引用群众的话"什么时候闽东的山都绿了,什么时候闽东就富裕了"来说明发展林业是闽东脱贫致富的主要途径。

生态兴则文明兴,生态衰则文明衰。在主政浙江省时,习近平提出:"生态兴则文明兴,生态衰则文明衰。"[2]不重视生态的政府是不清醒的政府,不重视生态的领导是不称职的领导,不重视生态的企业是没有希望的企业,不重视生态的公民不能算是具备现代文明意识的公民。2001 年,时任福建省省长的习近平亲自担任福建省生态建设领导小组组长,前瞻性地提出建设"生态省"的战略构想,推进了福建省有史以来最大规模的系统性的生态保护工程。

担任党和国家领导人以来,在生态系统建设方面,习近平又对很多地方的具体工作作出了重要指示。例如,针对长江经济带的发展,他指出:"长江经济带作为流域经济,涉及水、路、港、岸、产、城和生物、湿地、环境等多个方面,是一个整体,必须全面把握、统筹谋划。要增强系统思维,统筹各地改革发展、

---

[1] 《推进生态文明　建设美丽中国》,人民出版社、党建读物出版社 2019 年版,第 5 页。
[2] 《习近平谈治国理政》(第三卷),外文出版社 2020 年版,第 374 页。

各项区际政策、各领域建设、各种资源要素,使沿江各省市协同作用更明显,促进长江经济带实现上中下游协同发展、东中西部互动合作,把长江经济带建设成为我国生态文明建设的先行示范带、创新驱动带、协调发展带。"①

因此,要把国内各种积极因素调动起来,同时充分利用世界范围内的有利因素,将国内与国外联动起来,以促进整个生态系统的整体、协调、健康发展,推动构建人类命运共同体,建设和谐美好的生态世界,为共产主义的实现奠定坚实的生态文明基础。

其一,生态文明建设要融入经济建设的各方面与全过程。经济建设是生态文明建设的基础。在经济发展理念上,要树立"保护生态环境就是保护生产力、改善生态环境就是发展生产力"的观念。在经济发展方式上,大力推进绿色发展、循环发展、低碳发展。坚持集约增长,并形成生态化的经济结构,不断提升生态文明建设水平。无论是在生产环节,还是在交换、分配、消费环节,都要融入生态文明建设的思想。其二,生态文明建设要融入政治建设的各方面与全过程。一方面,面对生态环境问题,各级党委和政府要树立科学的生态政绩观,确保在谋求经济发展过程中不以牺牲绿水青山为代价。另一方面,要完善经济社会发展考核评价体系,并且要建立责任追究制度,实行生态环境责任终身追究。其三,生态文明建设要融入社会建设的各方面与全过程。人是社会的组成分子,是生态文明建设的主体,生态文明建设也利于人民福祉和社会稳定和谐。以生态文明建设为契机,推动社会主义和谐社会建设,这也是社会建设要遵循的基本理念。要营造爱护生态环境的良好风气,通过生态文明教育为生态文明建设营造氛围。要发动全社会的力量,使生态文明建设成为每个公民的自觉行动。其四,生态文明建设要融入文化建设的各方面与全过程。进行生态文明建设,需要文化建设进行思想助力。注重生态文明教育,提高公民的生态文明素养,为生态文明建设提供思想动力和智力支持。习近平指出,生态文明建设与每个人息息相关,要"把珍惜生态、保护资源、爱护环境等内容纳入国民教育和培训体系,纳入群众性精神文明创建活动,在全社会牢固树立生态文明理念"②。最后,推进生态文明建设还需要严

---

① 《习近平关于社会主义生态文明建设论述摘编》,中央文献出版社 2017 年版,第 69—70 页。

② 《习近平关于社会主义生态文明建设论述摘编》,中央文献出版社 2017 年版,第 122 页。

格的制度保障。习近平指出："只有实行最严格的制度、最严密的法治,才能为生态文明建设提供可靠保障。"①最严格的制度和最严密的法治有机结合起来,成为根治生态环境问题、大力推进生态文明建设的最坚实后盾。

二、统筹山水林田湖草系统治理

习近平指出:"山水林田湖是一个生命共同体,形象地讲,人的命脉在田,田的命脉在水,水的命脉在山,山的命脉在土,土的命脉在树。……如果破坏了山、砍光了林,也就破坏了水,山就变成了秃山,水就变成了洪水,泥沙俱下,地就变成了没有养分的不毛之地,水土流失、沟壑纵横。"②习近平进一步把"山水林田湖"完善为"山水林田湖草",并坚持把节约资源和保护环境作为基本国策,像对待生命一样对待生态环境,统筹山水林田湖草系统治理。

在自然界,任何生物群落都不是孤立存在的,它们总是通过能量和物质的交换与其生存的环境不可分割地相互联系、相互作用着,共同形成一个统一的整体,这样的整体就是生态系统。一个完整的生态系统包含山水林田湖草等要素,保持这些要素之间的平衡,是人类社会可持续发展的重要保障。马克思指出:"自然界,就它本身不是人的身体而言,是人的无机的身体。人靠自然界生活。这就是说,自然界是人为了不致死亡而必须与之不断交往的、人的身体。所谓人的肉体生活和精神生活同自然界相联系,也就等于说自然界同自身相联系,因为人是自然界的一部分。"③

习近平就山水林田湖草等各要素对生态系统的重要性,有过多次论述或重要批示。第一,关于"山"。如,陕西省秦岭北麓山区曾私建上百套别墅,山体被肆意破坏,生活污水随意排放,有的地方甚至把山坡人为削平,圈占林地,对生态环境的破坏十分严重,老百姓意见很大。习近平看到材料后,立即批示,这些存在多年的违法建筑被一举拆除。第二,关于"水"。森林、湖泊、湿地是天然水库,具有涵养水源、蓄洪防涝、净化水质和空气的功能。然而,全国面积大于 10 平方千米的湖泊已有 200 多个萎缩;全国因围垦消失的天然湖泊近 1000 个;全国每年 1.6 万亿立方米的降水直接入海,无法利用。针对这种

---

① 《习近平关于社会主义生态文明建设论述摘编》,中央文献出版社 2017 年版,第 99 页。
② 《习近平关于社会主义生态文明建设论述摘编》,中央文献出版社 2017 年版,第 55—56 页。
③ 《马克思恩格斯全集》第 42 卷,人民出版社 1979 年版,第 95 页。

严峻形势,习近平指出:"如果再不重视保护好涵养水源的森林、湖泊、湿地等生态空间,再继续超采地下水,自然报复的力度会更大。"①治水的问题,过去我们系统研究不够,今天就是专门从全局角度寻求新的治理之道,而不是头疼医头、脚疼医脚。第三,关于"林"。习近平指出:"森林是陆地生态系统的主体和重要资源,是人类生存发展的重要生态保障。不可想象,没有森林,地球和人类会是什么样子。全社会都要按照党的十八大提出的建设美丽中国的要求,切实增强生态意识,切实加强生态环境保护,把我国建设成为生态环境良好的国家。"②第四,关于"田"。习近平指出:"国土是生态文明建设的空间载体。……要按照人口资源环境相均衡、经济社会生态效益相统一的原则,整体谋划国土空间开发,……给自然留下更多修复空间。"第五,关于"湖"。习近平举例说,苏州之美在于太湖,苏州为太湖增添了美丽的色彩。第六,关于"草",习近平也多次谈到,出路主要有两条,一条是继续组织实施好重大生态修复工程,搞好京津风沙源治理、三北防护林体系建设、退耕还林、退牧还草等重点工程建设;一条是积极探索加快生态文明制度建设。

山水林田湖草之间是互为依存又相互激发活力的复杂关系,并有机地构成一个生命共同体,它们之间通过相互作用达到一个相对稳定的平衡状态。如果其中某一成分变化过于剧烈,就会引起一系列的连锁反应,使生态平衡遭到破坏。恩格斯指出:"我们所面对着的整个自然界形成一个体系,即各种物体相互联系的总体,而我们在这里所说的物体,是指所有的物质存在,从星球到原子,甚至直到以太粒子,如果我们承认以太粒子存在的话。这些物体是互相联系的,这就是说,它们是相互作用着的,……只要认识到宇宙是一个体系,是各种物体相互联系的总体,那就不能不得出这个结论来。"③

改革开放以来,我国在短时间里走过了西方国家几百年的发展道路,爆发力惊人,却在一定程度上"噎"在了消化发展成果上。见招拆招已不足以应对纷至沓来的难题,治理能力亟待有效整合。比如,除环保部门外,污染防治职

---

① 《习近平关于社会主义生态文明建设论述摘编》,中央文献出版社 2017 年版,第 52 页。
② 《习近平关于社会主义生态文明建设论述摘编》,中央文献出版社 2017 年版,第 115 页。
③ 《马克思恩格斯全集》第 20 卷,人民出版社 1971 年版,第 409 页。

能分散在海洋、港务监督、渔政等部门;资源保护职能分散在矿产、林业、农业、水利等部门;综合调控管理职能分散在发改委、财政、国土等部门。由此可见,要落实一项涉及多部门的环保大计,需要用多少精力来协调。山水林田湖草,各有其权益,但更是生命共同体。在开发利用过程中必须打破"博弈思维",割舍"部门利益",形成更高层面的协调机制,把各类生态资源纳入统一治理的框架之中。

三、加强生态保护与环境治理

随着人类社会改造自然能力的增强,人类社会的活动日益超出自然的自我修复能力,经济增长与生态环境保护也就逐步变成一对矛盾的因素。发达国家大都经历过"先污染后治理"的发展历程,在社会财富极大丰富的同时,也付出了惨痛的生态环境代价。

发达资本主义国家发展过程中经历的这一教训本身值得我国借鉴。但改革开放以来,伴随着经济的快速发展,我国的环境污染问题也日益突出。许多地方、不少领域没有处理好经济发展同生态环境保护的关系,以无节制消耗资源、破坏环境为代价换取经济发展,导致能源资源、生态环境问题越来越突出。我们所希望的避开发达国家"先污染后治理"发展路径的愿望并没有实现,甚至发展成"边污染边治理",如果不改变这种经济发展模式,资源环境将难以支撑中国的可持续发展。

生态保护与环境治理是生态文明建设的重要内容,在诸多重要场合,习近平都强调了自然生态保护与环境治理的重要性。

在广东省考察时,习近平谆谆告诫:"我们在生态环境方面欠账太多了,如果不从现在起就把这项工作紧紧抓起来,将来会付出更大的代价。"[1]在云南洱海边,习近平指示,"生态环境保护是一个长期任务,要久久为功。"[2]一定要把洱海保护好,让"苍山不墨千秋画,洱海无弦万古琴"的自然美景永驻人间。长期地方工作的具体实践,使习近平深刻认识到生态保护与环境治理是一项复杂的系统工程,必须作为重大民生实事紧紧抓在手上。要坚持标本兼治和专项治理并重、常态治理和应急减排协调、本地治污和区域协调相互促

---

[1] 《习近平关于社会主义生态文明建设论述摘编》,中央文献出版社 2017 年版,第 7 页。
[2] 《习近平关于社会主义生态文明建设论述摘编》,中央文献出版社 2017 年版,第 26 页。

进,多策并举,多地联动,全社会共同行动。习近平指出"像北京这样的特大城市,环境治理是一个系统工程,必须作为重大民生实事紧紧抓在手上。"①

习近平关于系统保护生态与治理环境的重要论述主要体现在以下方面。

第一,重视从政治的高度考虑生态保护与环境治理问题。习近平指出:"经济上去了,老百姓的幸福感大打折扣,甚至强烈的不满情绪上来了,那是什么形势? 所以,我们不能把加强生态文明建设、加强生态环境保护、提倡绿色低碳生活方式等仅仅作为经济问题。这里面有很大的政治。"②"这些年,北京雾霾严重,可以说是'高天滚滚粉尘急',严重影响人民群众身体健康,严重影响党和政府形象。"③

第二,重视政策法规与机制建设。习近平认为:"只有实行最严格的制度、最严密的法治,才能为生态文明建设提供可靠保障。"④"要建立责任追究制度,我这里说的主要是对领导干部的责任追究制度。对那些不顾生态环境盲目决策、造成严重后果的人,必须追究其责任,而且应该终身追究。"⑤"推进生态文明建设,解决资源约束趋紧、环境污染严重、生态系统退化的问题,必须采取一些硬措施,真抓实干才能见效。"⑥党的十八届五中全会指出:加大环境治理力度,以提高环境质量为核心,实行最严格的环境保护制度,深入实施大气、水、土壤污染防治行动计划,实行省以下环保机构监测监察执法垂直管理制度。

第三,重视扭正片面追求发展速度的"唯 GDP 论"政绩观。长期以来,我们的生态环境陷入"破坏—治理—再破坏—再治理"的恶性循环,究其主要原因,是"唯 GDP 论"作祟,必须重塑政绩观。习近平说道:"要给你们去掉紧箍咒,生产总值即便滑到第七、第八位了,但在绿色发展方面搞上去了,在治理大气污染、解决雾霾方面作出贡献了,那就可以挂红花、当英雄。反过来,如果就是简单为了生产总值,但生态环境问题越演越烈,或者说面貌依旧,即便搞上

① 《习近平在北京考察 就建设首善之区提五点要求》,新华网 2014 年 2 月 26 日,见 http://xinhuanet.com//politics/2014-02/26/c_119519301_2.htm。

② 《习近平关于社会主义生态文明建设论述摘编》,中央文献出版社 2017 年版,第 5 页。

③ 《习近平关于社会主义生态文明建设论述摘编》,中央文献出版社 2017 年版,第 85 页。

④ 《习近平关于社会主义生态文明建设论述摘编》,中央文献出版社 2017 年版,第 99 页。

⑤ 《习近平关于社会主义生态文明建设论述摘编》,中央文献出版社 2017 年版,第 100 页。

⑥ 《习近平关于社会主义生态文明建设论述摘编》,中央文献出版社 2017 年版,第 62 页。

去了,那也是另一种评价了。"①习近平强调:黑瞎子岛不要建成开发区、工程区、游乐场。岛上建的基础设施都应是对生态起保护作用的。保护生态,留一张白纸。②

第四,重视把生态保护、环境治理与发挥其经济社会效益结合起来。习近平认为:"小康全面不全面,生态环境质量很关键。"③要创新发展思路,发挥后发优势。因地制宜选择好发展产业,让绿水青山充分发挥经济社会效益,切实做到经济效益、社会效益、生态效益同步提升,实现百姓富、生态美有机统一。

第五,重视听取民意,重视人们的需要。习近平认为"人民群众对清新空气、清澈水质、清洁环境等生态产品的需求越来越迫切,生态环境越来越珍贵。我们必须顺应人民群众对良好生态环境的期待,推动形成绿色低碳循环发展新方式,并从中创造新的增长点。"④生态环境问题是利国利民利子孙后代的一项重要工作,决不能说起来重要、喊起来响亮、做起来挂空挡。

第六,强调生态保护与环境治理的重要性和必要性。习近平指出:"要清醒认识保护生态环境、治理环境污染的紧迫性和艰巨性,清醒认识加强生态文明建设的重要性和必要性,真正下决心把环境污染治理好、把生态环境建设好,为人民创造良好生产生活环境。"⑤

第七,重视从长远考虑。不谋万世者,不足谋一时;不谋全局者,不足谋一域。

第八,强调时不我待。习近平指出"我们在生态环境方面欠账太多了,如果不从现在起就把这项工作紧紧抓起来,将来付出的代价会更大。"⑥

第九,重视推动具体的生态环境工程。习近平指出:"要实施重大生态修复工程,增强生态产品生产能力"。⑦ 环境保护和治理要以解决损害群众健康

① 《习近平关于社会主义生态文明建设论述摘编》,中央文献出版社 2017 年版,第 21 页。
② 《习近平登上黑瞎子岛:保护生态,留一张白纸》,新华网 2016 年 5 月 25 日,见 http://xinhuanet.com//politics/2016-05/25/c_1118926335.htm。
③ 《习近平关于社会主义生态文明建设论述摘编》,中央文献出版社 2017 年版,第 8 页。
④ 《习近平关于社会主义生态文明建设论述摘编》,中央文献出版社 2017 年版,第 25 页。
⑤ 《习近平关于社会主义生态文明建设论述摘编》,中央文献出版社 2017 年版,第 7 页。
⑥ 《习近平关于社会主义生态文明建设论述摘编》,中央文献出版社 2017 年版,第 3 页。
⑦ 《习近平关于社会主义生态文明建设论述摘编》,中央文献出版社 2017 年版,第 46 页。

的突出环境问题为重点,坚持预防为主、综合治理,强化水、大气、土壤等污染防治工程,着力推进重点流域和区域水污染防治工程,着力推进重点行业和重点区域大气污染治理工程。

第十,重视综合治理。习近平强调:"各级党委和政府要以功成不必在我的思想境界,统筹推进山水林田湖综合治理,加快城乡绿化一体化建设步伐,增加绿化面积,提升森林质量,持续加强生态保护,共同把祖国的生态环境建设好、保护好。"①

第十一,重视从微观层面着手提出生态保护与环境治理的具体方法。习近平指出:"比如,在提升城市排水系统时要优先考虑把有限的雨水留下来,优先考虑更多利用自然力量排水,建设自然积存、自然渗透、自然净化的'海绵城市'。许多城市提出生态城市口号,但思路却是大树进城、开山造地、人造景观、填湖填海等。这不是建设生态文明,而是破坏自然生态。"②

第十二,强调区域合作。习近平指出"要增强系统思维,统筹各地改革发展、各项区际政策、各领域建设、各种资源要素"③,"要促进要素在区域之间流动,增强发展统筹度和整体性、协调性、可持续性,提高要素配置效率。"④

综上,习近平总书记坚持和发展马克思主义自然观,形成了新时代具有中国特色的生态文明思想。习近平生态文明思想中的"环境就是民生""促进人与自然和谐共生""绿水青山就是金山银山""生态文明建设是一个系统工程"等内容,为生态文明建设指明了正确方向和科学路径。在中国社会主义现代化建设的实践中,只有坚持习近平生态文明思想,才能牢固树立起人与自然和谐共生的发展理念,注重现代化发展中的生态因素,按照整个生态系统的运动规律去利用和改造自然,从而实现增进人民福祉与民族的永续发展之旨归。

---

① 《习近平关于社会主义生态文明建设论述摘编》,中央文献出版社 2017 年版,第 76 页。
② 《习近平关于社会主义生态文明建设论述摘编》,中央文献出版社 2017 年版,第 49 页。
③ 《习近平关于社会主义生态文明建设论述摘编》,中央文献出版社 2017 年版,第 69 页。
④ 《习近平关于社会主义生态文明建设论述摘编》,中央文献出版社 2017 年版,第 70 页。

第五章　我国生态文明建设面临的挑战和问题

　　建设生态文明,是关系人民福祉、关乎民族未来的长远大计。面对资源约束趋紧、环境污染、生态系统退化的严峻形势,必须树立尊重自然、顺应自然、保护自然的生态文明理念,把生态文明建设放在突出地位,融入经济建设、政治建设、文化建设、社会建设各方面和全过程,努力建设美丽中国,实现中华民族永续发展。深刻领会和有效贯彻这一重要论述,大力推进生态文明建设,必须科学认识我国生态文明建设面临的挑战和问题。

第一节　当代中国生态文明建设的历史演进

　　改革开放以来,中国共产党对生态文明建设进行了持续探索。在实践层面经历了一个从简单的污染治理到提出保护资源环境,再到全方位地推进人与自然和谐发展的生态文明建设的过程;在认识层面则经历了从对环境保护的萌芽认识到视生态文明建设为现代化重要目标和内容的认识过程,并最终形成了当代中国的生态文明建设理论。

一、从改革开放初到党的十六大的实践探索

　　从对有关生态环境问题的认识和实践来看,尽管在 20 世纪 80 年代末学术界就已经提出了有关生态文明的概念,但在党的十七大之前,在党的重要文献中还未出现有关生态文明及其建设的概念,而主要以资源环境保护、可持续发展来体现对资源环境的理论认识,特别是在资源环境保护思想的基础上提出并实施的可持续发展战略,是这一时期最重要的认识成果。

　　新中国成立后到改革开放以前,尽管"大跃进"运动对我国的生态环境造

成了恶劣影响,但总体来看,我国的资源环境问题特别是资源消耗和环境污染的问题还没有成为真正意义上的生态问题。就社会生产而言,我国的生产能力总体水平较低,对自然资源的影响也相对较小;就自然环境而言,20 世纪 70年代我国大部分地域生态状况较好。

1978 年 12 月,党的十一届三中全会开启了我国现代化新的进程,这是中华民族实现伟大复兴的必由之路。基于我国生产力水平极度低下的生存型阶段的实际,以邓小平同志为核心的党的第二代中央领导集体提出并推行以经济建设为中心的现代化战略,资源环境问题伴随现代化过程开始显现。1979年 9 月,随着中国第一部《环境保护法(试行)》颁布,中国的环境保护工作也逐渐走上了法制化的轨道,并越来越受到党和国家的高度重视。1983 年 12月,在国务院召开的第二次全国环境保护会议上,明确提出环境保护是我国的一项基本国策,并制定了我国环境保护事业的战略方针,使其成为与计划生育国策相并行的两大基本国策。从此以后,在党和国家的一系列重要会议、文献和国家领导人的讲话中,环境保护受到了与计划生育、控制人口相同的重视,并将其看作是关系经济社会发展全局的重要问题。由于改革开放初期我国经济规模还不大,对资源环境问题的冲击还相对较小,因而生态问题在当时不太突出,以邓小平同志为核心的党的第二代中央领导集体很少谈及生态文明建设问题。

1992 年邓小平同志南方谈话和党的十四大以后,我国加快了改革开放和社会主义现代化建设步伐。依托高投入、高消耗的资源战略,我国强力推动经济建设的快速发展,经济建设和生态环境的矛盾开始突出。基于这个原因,以江泽民同志为核心的党的第三代中央领导集体开始关注这方面的问题。随着国际社会对全球资源环境和保护的普遍关注,特别是 1992 年在巴西里约热内卢召开的联合国环境与发展大会和以可持续发展为基础所制定的《21 世纪议程》,对中国资源环境保护事业的发展起到了积极的推动作用。中国的资源环保事业也开始由单纯地强调"环境保护"阶段向"可持续发展"阶段推进。1993 年 3 月 25 日,国务院第十六次常务会议通过了《中国 21 世纪议程——中国 21 世纪人口、环境与发展白皮书》,可持续发展的思想开始进入中国的政治议程,并成为引导中国经济社会发展的重要战略思想。1995 年 9 月 28日,江泽民在党的十四届五中全会闭幕时的讲话《正确处理社会主义现代化建设中的若干重大关系》中，将"经济建设与人口、资源、环境的关系"作为正确处理社会主义现代化建设中的重大关系之一。并且，1996 年 3 月 17 日，在八届人大四次会议批准通过的《中华人民共和国国民经济和社会发展"九五"计划和 2010 年远景目标纲要》中，将"实施可持续发展战略，推进社会事业全面发展"作为其重要内容之一。至此，环境保护作为关系我国长远发展的全局性战略问题，与人口控制、资源保护和开发成为可持续发展战略的核心问题，并提出了"努力开创生产发展、生活富裕和生态良好的文明发展道路"的新思路，开始从文明发展的高度认识生态环境问题和中国的社会发展。

1997 年党的十五大报告提出："我国是人口众多、资源相对不足的国家，在现代化建设中必须实施可持续发展战略。"党的十五大报告强调，必须坚持保护环境的基本国策，正确处理经济发展同资源环境的关系。在资源开发问题上特别强调："资源开发和节约并举，把节约放在首位，提高资源利用效率。统筹规划国土资源开发和整治，严格执行土地、水、森林、矿产、海洋资源管理和保护的法律。实行资源有偿使用制度。"在保护环境问题上，提出"加强对环境污染的治理，植树种草，搞好水土保持，防止荒漠化，改善生态环境。"根据党的十五大的部署，1998 年，国家专门制定《全国生态环境建设规划》，要求将生态环境建设和环境污染治理的重点工程项目纳入国家基本建设计划。

2002 年党的十六大面对日益显现的资源环境问题，在多年探索的基础上，明确把可持续发展问题作为全面建设小康社会的一个重要目标。党的十六大报告指出：全面建设小康社会的一个重要目标是，"可持续发展能力不断增强，生态环境得到改善，资源利用效率显著提高，促进人与自然的和谐，推动整个社会走上生产发展、生活富裕、生态良好的发展道路。"党的十六大报告着眼于保护资源和环境制定了相应的政策。由此，不仅确立了中国可持续发展战略的基本内容和发展目标，而且也为党的十六大之后科学发展观的提出和从社会文明发展的视野看待和解决生态环境问题奠定了思想基础。

总之，从 1978 年底到 2002 年党的十六大，中国共产党有关资源环保思想的发展可分为两个基本阶段。一是改革开放初期环境保护作为基本国策的阶段。其主要认识成果表现为，由 20 世纪 80 年代之前只是将生态环境问题和环境保护看作经济社会发展中的一个方面问题和工作内容而受到关注，到逐渐认识到环境保护是关系经济社会发展全局的重要问题，并确立了环境保护的基本国策,使其处于与计划生育同等的地位,因而这一时期,对环境保护的认识往往是从经济社会发展与人口、环境的关系角度去阐述其重要性的。二是20世纪90年代的可持续发展战略阶段。其主要认识成果表现为,在进一步贯彻环境保护是我国的一项基本国策的基础上,强调经济社会发展与人口、资源、环境的关系,并提出了可持续发展战略,使资源环保成为可持续发展战略的主要内容,由此也从发展战略的高度进一步体现了环境保护的基本国策,提升了对生态环境问题和环境保护的认识,赋予了环境保护在中国经济社会发展中更为深远而重要的意义。

综合这个时期我国生态文明建设的历程,可以看出:在这个时期,伴随着以经济增长为中心的现代化战略的实施,资源环境开始成为问题,党中央开始重视可持续发展问题。同时,由于推动经济增长始终是这个阶段的中心任务,加上资源环境还不那么突出,它尚未冲击人们对这一问题的底线,关于这方面的理论探索还处于起步阶段。

二、新世纪新阶段的实践探索及理论创新

从党的十六大到党的十七大,是中国共产党资源环保与可持续发展思想发展的一个重要时期。这不仅体现在科学发展观的提出并成为统领新时期中国经济社会发展的指导思想,环境保护和可持续发展战略也被纳入科学发展观中并成为其重要内容;而且体现在将建设生态文明纳入中国的经济社会发展中,并引入和提出了一系列新的理念如循环经济、资源节约型和环境友好型社会等,从而大大提升了人们对资源环保和可持续发展的理解,为解决中国的资源环境问题指出了一条文明发展之路。

进入新世纪新阶段以来,伴随着我国经济十余年的持续高速增长,我国面临的资源瓶颈和环境污染压力也随之增加。从资源瓶颈的情况来看,人均占有量少,根据第二次全国土地调查数据显示,人均耕地呈下降趋势,不到世界平均水平的一半。主要矿产资源人均占有量只有世界平均水平的58%,预测到2020年重要矿产资源的缺口将进一步扩大。① 由于经济增长方式暂时未能实现根本性的转变,我国整体资源利用率偏低,存在一定的资源浪费现象,

---

① 《我国重要矿产资源未来供应将严重不足》,中国经济网2005年8月18日,见 http://www.ce.cn/securities/stock/hyts/gshydt/200508/18/t20050818_4695057.shtml。

经济社会发展与资源紧缺之间的矛盾较之以往更明显。如果任由目前的生态危机继续下去,不但我国经济建设的成果会大打折扣,而且将增加不稳定因素,激化社会矛盾;不但会殃及子孙后代,而且将直接威胁到当代人的生存。

鉴于以上现实,生态文明建设在我国社会主义现代化建设中的地位日益凸显,成为我国现代化进程中不得不解决的一个重大问题。为此,从新世纪新阶段开始,党中央将生态文明问题摆在了更加突出的位置。2003 年 3 月 5 日,朱镕基同志在第十届全国人民代表大会第一次会议上所作的政府工作报告中,开始将"循环经济"的理念引入政府报告。2003 年 6 月 25 日,在《中共中央、国务院关于加快林业发展的决定》中,将"建设山川秀美的生态文明社会"作为加快林业发展的指导思想,开始将生态文明的理念引入生态建设。2003 年 10 月 14 日,在党的十六届三中全会上通过的《中共中央关于完善社会主义市场经济体制若干问题的决定》中,首次完整提出了"坚持以人为本,树立全面、协调、可持续的发展观,促进经济社会和人的全面发展"的科学发展观,也使得中国的环境保护和可持续发展被统合在科学发展观的理论视野中,成为科学发展观的重要内容。2004 年 2 月 21 日,温家宝在省部级主要领导干部树立和落实科学发展观专题研究班结业式上的讲话中,提出了"建设资源节约型和生态保护型社会"的理念,不仅从社会整体发展和建构的角度大大提升了人们对节约资源理念的认识,而且"生态环保型社会"的提出,则是"环境友好型社会"概念的最初形式,为最终提出"环境友好型社会"奠定了基础。2004 年 3 月 5 日,温家宝在十届人大二次会议上所作的政府工作报告中,进一步以"大力发展循环经济,推行清洁生产"作为转变经济增长方式、建构资源节约型社会的基本途径。

2004 年 3 月 12 日,胡锦涛在中央人口资源环境工作座谈会上的讲话中,提出要"积极发展循环经济,实现自然生态系统和社会经济系统的良性循环,为子孙后代留下充足的发展条件和发展空间"①,进一步指出了循环经济的实质和重要意义。同时明确提出了建立"环境友好型社会"的理念和基本内容,并号召要"在全社会大力进行生态文明教育"。2007 年 5 月 15 日,温家宝在长江三角洲地区经济社会发展座谈会上的讲话中提出了要"努力推动物质文

_____

① 《在中央人口资源环境工作座谈会上的讲话》,人民出版社 2004 年版,第 4 页。

明、精神文明、政治文明、生态文明共同进步"的要求,这实际上已经开始从社会文明建设及其构成形式上,将生态文明看作一种相对独立的文明形式来认识"生态文明"这一理念,这也为党的十七大明确提出建设生态文明奠定了基础。

2007年10月15日,在党的十七大报告中,首次将建设生态文明作为"实现全面建设小康社会奋斗目标的新要求"之一,提出"建设生态文明,基本形成节约能源资源和保护生态环境的产业结构、增长方式、消费模式。循环经济形成较大规模,可再生能源比重显著上升。主要污染物排放得到有效控制,生态环境质量明显改善。生态文明观念在全社会牢固树立。"到2020年全面建设小康社会目标实现之时,我国将成为"生态环境良好"的国家。为落实这个思路,党的十七大强调,加强资源节约和生态环境保护,增强可持续发展能力。"必须把建设资源节约型、环境友好型社会放在工业化、现代化战略的突出位置,落实到每个单位、每个家庭。"党的十七大报告中正式提出"生态文明"概念,并把它作为建设中国特色社会主义的战略目标和重要内容,在我国改革开放的历史上首次明确了生态文明建设的总体思路。这表明,党的十七大已把生态文明定位为我国社会主义现代化的目标和内容。由此,党初步形成了以经济、政治、文化、社会和生态文明建设为主要内容的目标任务,只是还没有明确从社会整体布局和发展战略的高度提出"五位一体"战略,特别是生态文明建设与其他四大建设之间的关系。尽管如此,党的十七大提出建设生态文明的发展目标,无疑体现了党对生态环境问题和可持续发展问题的认识升华和理论创新,也体现了中国共产党与时俱进的发展精神,同时,也标志着建设生态文明的理念开始全方位地进入中国政治生活和国家战略。

正是在党的十七大精神的基础上,对建设生态文明的理论和实践探索也在不断深化,并体现在党和国家领导人的一系列重要讲话中。总之,这一时期生态文明及其建设已作为一个相对独立的建设领域或文明形式被纳入社会主义建设或文明发展的认识中,这就为党的十八大明确提出"五位一体"的总体布局和发展战略奠定了基础。

三、党的十八大以来对生态文明建设的科学定位

虽然我国的生态文明建设取得重要进展,但是由于我国的经济发展方式现阶段难以实现根本性转变,我国经济发展面临更多的资源环境制约,人民群众对良好生态环境的要求越来越迫切。

为彻底扭转这样的局面,党的十八大以来对大力推进生态文明建设作了进一步强调。在关于中国特色社会主义道路的表述中,党的十八大报告着眼于实现科学发展,首次明确把社会主义生态文明建设作为与建设社会主义市场经济、社会主义民主政治、社会主义先进文化、社会主义和谐社会相并列的中国特色社会主义事业不可或缺的组成部分。作为推进中国特色社会主义道路的重大措施,党的十八大报告第一次将生态文明建设纳入我国社会主义现代化建设的战略布局;第一次将其提高到与经济、政治、文化、社会四大建设相并列的高度,作为建设中国特色社会主义的"五位一体"总布局的重要组成部分;第一次在党的报告中用一个单设的篇章来论述生态文明建设;第一次将生态文明建设作为中国特色社会主义事业总体布局的重要组成部分写入党章。由此,中国特色社会主义事业总体布局更加全面、更加完整,充分体现了社会主义社会全面发展的战略构想。

正是在党的十七大以来对建设生态文明的不断探索和实践的基础上,党的十八大进一步对生态文明建设进行了科学定位,首次明确提出了"五位一体"的总体布局和发展战略,科学阐述了生态文明建设与经济建设、政治建设、文化建设、社会建设的关系,大大提升了人们对生态文明建设及其在全面建成小康社会过程中重要意义的认识,由此也开创了中国社会主义生态文明建设的新时代。

特别是将"大力推进生态文明建设"作为一个独立的重要内容,强调"把生态文明建设放在突出地位,融入经济建设、政治建设、文化建设、社会建设各方面和全过程,努力建设美丽中国,实现中华民族永续发展。"这不仅重申了建设生态文明的重要意义,而且首次说明了生态文明建设在"五位一体"总体布局中的重要地位及其关系,从而为建设生态文明的实践指明了方向。这就是:要实现生态文明建设和全面建成小康社会的发展目标,就必须从国家总体发展的高度,对我国的资源、环境空间进行科学的规划、保护和合理利用;而要实现这一点就必须对传统的产业结构、生产方式和生活方式进行彻底改造,以实现绿色发展、循环发展和低碳发展,并使节约资源和保护环境的生活方式得以形成;这又需要不断完善和加强包括法律法规和社会管理制度在内的生态文明制度建设和生态文化建设,以便为生态文明建设提供制度保障和文化支撑;只有这样,生态文明建设才能真正融入经济建设、政治建设、文化建设、社会建设各方面和全过程,才能实现建设美丽中国和中华民族永续发展的美好目标。其意义就在于:

首先,将生态文明建设纳入"五位一体"的总体布局和发展战略中,是对生态文明建设本质、特征及其建设途径科学认识的必然结果。从党中央对生态环境问题及其解决途径的认识和探索来看,就体现着与其认识相对应的不断探索和升华的过程。在经历了20世纪80年代的环境保护阶段和20世纪90年代的可持续发展阶段的不断积累之后,中国共产党在21世纪初最终找到了解决生态环境问题的根本之路,即建设生态文明的发展道路,并将之纳入国家总体发展战略。显然,这是在深刻认识生态环境问题本质的基础上所作出的一种正确选择,因此,建设生态文明不仅是解决我国资源环境问题的必由之路和文明之路,也是解决全球资源环境问题的必由之路和文明之路。

其次,强调生态文明建设在"五位一体"总体战略中的突出地位并要求将它"融入经济建设、政治建设、文化建设、社会建设各方面和全过程",充分展现了中国共产党对解决生态环境问题复杂性、艰巨性和长期性的认识,说明了生态文明建设战略目标的实现不仅有赖于对资源环境本身的规划、保护和治理,更需要来自经济、政治、文化和社会各方面的支撑,否则,其建设目标即党的十八大提出的"建设美丽中国,实现中华民族永续发展"的愿望就难以实现。为此,就需要在党的十八大精神的指导下,从"五位一体"总体布局的战略高度以及它们之间的内在关系上,进一步确立生态文明建设在各个领域的发展要求和目标体系,从而为实施生态文明建设的发展战略提供有效的实践途径。

最后,将生态文明建设上升为国家总体战略,也必将对全球生态环境问题的解决作出应有的贡献。中国的发展越来越受到全球瞩目,其原因是多方面的,但中国经济的快速发展以及对全球资源环境的影响是其重要原因之一。由于中国庞大的人口基数和发展需求,以及位居全球第二的经济总量,中国经济已经在全球经济发展中具有举足轻重的作用,同时对全球资源环境的影响也越来越大,甚至成为某些西方国家恶意诟病中国的依据。在经济全球化的今天,中国的发展离不开世界,世界的发展也离不开中国,特别是对全球资源的合理、公平地利用和保护,是每一个国家在国际交往中都必须面对的问题;

而中国的生态环境作为全球生态环境不可分割的有机组成部分,其好坏不仅关系着中国人民的福祉,也关系着整个人类的福祉。为此,建设生态文明不仅是解决中国自身环境问题、建设美丽中国、实现中华民族永续发展的问题,也是作为一个负责任的大国对改善全球生态环境和维护全球生态安全所应尽的责任。

总之,党的十八大将生态文明建设纳入国家总体布局,以及对生态文明建设与经济建设、政治建设、文化建设、社会建设关系的科学阐述,不仅对深入理解"五位一体"的发展战略具有重要意义,而且也为深入研究生态文明建设的目标体系及其实现途径指明了方向。同时,如此从国家、政府层面高度重视生态文明建设,这在世界各国也是独一无二的,充分体现了中国共产党立足国情、面向世界、与时俱进的创新精神,因而,生态文明建设目标的实现也必将为解决全球生态危机和维护全球生态安全作出贡献。

第二节　我国生态文明建设面临的挑战

改革开放以来,尽管我国经济实现了高速增长,却存在着制约经济发展的问题。一方面,"自主创新能力还不强,长期形成的结构性矛盾和粗放型增长方式尚未根本改变";另一方面,经济发展与人的发展的矛盾突出,"人口资源环境压力加大",人与自然和谐发展面临挑战。

一、生态资源环境瓶颈

生态文明与生态环境紧密相关。从生态环境看,它包括自然环境和人为环境,也包括环境要素所构成的环境系统所具有的功能和效应。环境要素大致有三类:一是自然环境要素,比如空气、水、阳光等;二是人为环境要素,比如生活居住区、公园、人文遗迹等;三是整个地球的生物圈,比如臭氧层、海洋、热带雨林以及其他物种等。地球是一个有机的整体,各种环境要素之间既相互联系又相互制约,其中任何一个要素遭到破坏,都会影响整个地球的生态平衡,从而影响人类的生存与发展。从生态文明看,它包括两个方面的内容:一是生态文明的自然取向。通过对生产方式和生活方式的变革,改善人与自然的关系,促进生态系统的生产能力和自我修复能力的提高,从而为人类的生存与发展提供一个永续利用的生态环境。二是生态文明的人文取向。促进全社会生态意识的觉醒,生态文化的发展,生态道德的提升和生态法律的健全,在全社会形成对生态环境的人文关怀。唯有人们对待生产的态度、生活的态度融入了文明的生态理念,才能形成尊重自然规律、与自然和谐共生的生产方式和生活方式,才能使人类摆脱能源危机、生态危机、发展危机、生存危机,才能实现人、社会、自然的永续发展。由此可见,生态文明是一种自然与人文相融合的文明形态。

我国是一个人口众多,资源相对不足,环境承载能力较弱的国家。目前我国人均耕地、人均淡水资源、人均森林面积等与世界人均水平相比均存在差距。却要养活占世界约20%的人口。根据国新办的数据,我国目前已成为世界上最大的能源生产国和能源消耗国,但现有储量却难以满足日益增长的需求,我国重要资源的短缺已对经济发展构成严重制约。并且我国资源的产出率、回收率和利用率偏低,仍有较大的提升空间。西方发达国家用了三百多年,才进入工业社会;中国仅用了几十年,就将全国人民带入工业社会。发达国家在工业化进程中分阶段出现的环境问题,在我国已经集中出现。随着经济快速增长和人口不断增加,环境保护、资源利用面临的压力日益加大。因此,我国要实现生态文明建设的目标,建成资源节约型、环境友好型社会,任重而道远。

生态资源是人类生存与发展的基本前提,生态的有效保护和资源的永续利用是人类生存与发展的首要条件。保护环境和节约资源是我国的基本国策,是经济社会发展的内在要求,也是世界各国发展的共同趋势。从我国发展的特征看,环境约束、资源约束和成本约束日益突出,要实现永续发展,就必须依靠科学技术进步和产业结构调整,实现经济发展方式的根本转变,从单纯追求发展数量和当代人利益的传统发展模式向注重发展质量和后代人福祉的永续发展模式转变,坚决摒弃先粗放后集约、先污染后治理的发展老路,切实保护和建设生态环境,合理开发和利用自然资源,不断提高经济发展的质量和效益,坚定不移地实施可持续发展战略,努力开创科技含量高、经济效益好、资源消耗低、环境污染少、人力资源优势得到充分发挥的新型工业化道路,促进人与自然的和谐相处,使人们世世代代在优美的生态环境中工作和生活。

新型工业化道路是我国全面总结国内外工业化经验教训找到的正确之

路。世界多数发达国家在早期工业化进程中，资源开发和利用都带有一定的掠夺性，往往以大量消耗资源、牺牲环境为代价，走的是先污染、后治理的发展道路。新中国成立以来，我国的工业化和国民经济的增长很大程度上是依靠消耗大量物质资源实现的，经济增长方式比较粗放，呈现出高投入、高消耗、高排放、低产出的特征，出现了一些环境问题。同时，长期以来我国的经济增长主要依赖于投资与出口拉动，工业经济在整个国民经济中占有很大比重。但我国工业整体的技术创新能力薄弱、管理水平有待提升，结构性矛盾比较突出，科技进步、劳动者素质提高、管理创新对经济增长的促进作用不够明显。随着新技术革命的到来，传统工业化的弊端逐步显现，我国要全面实现工业化，必须认真汲取以往工业化进程中的经验教训，避免重蹈发达国家传统工业化的覆辙。新型工业化不再以破坏环境、牺牲资源为代价，而是坚持保护环境、节约资源的基本国策，在注重低投入、高产出、少排放的基础上，实现人口、环境、资源的永续发展。

新型工业化道路也是由我国的具体国情决定的必由之路。国情是制约工业化道路的重要因素，不同的国情需要选择不同的工业化道路。新世纪新阶段，我国已由传统计划经济转向社会主义市场经济，人民生活水平有较大提升，基本实现工业化，信息化建设取得一定成就；但产业结构还不合理，城乡之间、区域之间、经济社会之间发展失衡的问题还没得到有效解决；人口总量继续增加，老龄人口比重上升，就业形势依然严峻；生态环境、自然资源与经济社会发展的矛盾日益突出，保护环境和资源的任务十分艰巨。我国工业化面临的国土、资源、生态、环境的巨大承载压力，是绝大多数工业化国家未曾遇到过的，如果中国跟随发达国家工业化过程中的资源和能源消费模式的脚步，整个世界将难以承受。实践证明，在一个人均资源相对不足的国家，以资源过量消耗和生态严重破坏为代价推进工业化，不仅自然资源难以支撑，经济发展难以为继，而且破坏生态、污染环境必然妨碍人民生活质量的提高。这就要求加速转变经济发展方式，通过调整经济要素的配置方式和利用方法，把经济发展转变到科学发展的轨道上来，实现经济系统的协调性、经济发展的永续性和发展成果的共享性的有机统一；坚持保护环境、节约资源的基本国策，以节能减排为重点，加快构建资源节约、环境友好的生产方式和消费模式，着力推进绿色发展、循环发展、低碳发展，不断提高生态文明建设水准。

二、粗放型经济发展模式

第二次世界大战以来,西方发达国家普遍经历了一个经济快速增长的黄金时期,1950—1970 年二十年间增速高达 4.9%。何种因素推动了战后西方资本主义国家经济发展模式的转型,实现了经济的持续快速增长? 西方人力资本理论从西方经济学的基本逻辑出发,以生产要素论的固有范式研究经济增长的动力,把人力资本视为经济增长的一个要素,指出了经济增长以及经济发展模式转型机制中的关键因素。但要素具有非历史性,难以解释特定历史阶段的经济发展模式的转变问题。正如马克思所言:"如果这样抽掉资本的特定形式,只强调内容,而资本作为这种内容是一切劳动的一种必要要素,那么,要证明资本是一切人类生产的必要条件,自然就是再容易不过的事情了"。① 人力资本作为要素,要构成推动经济增长和经济发展模式转变的动力,必须有社会关系力量的介入才能真正发挥作用。正如马克思对古典经济学的批判一样,人力资本理论仅仅把人力资本视为生产要素,其中"资本被理解为物,而没有被理解为关系"②,因而错失了揭示西方战后经济增长以及经济发展模式转型的根源。

与西方经济学把推动经济发展的原因归根于生产要素的"资本"不同,马克思认为,推动现代经济发展的根本动力在于比生产要素高一层次的力量——支配生产要素的社会关系力量——资本力量,正是这种资本力量才使得"资产阶级争得自己的阶级统治地位还不到一百年,它所造成的生产力却比过去世世代代总共造成的生产力还要大,还要多"③。为什么资本力量具有如此巨大的动力,能够推动现代经济的飞速发展呢? 这是因为:资本的本性是为了实现剩余价值的增殖。资本的这种本性与资本主义市场经济内部竞争性结构共同作用形成了一种自动的驱动机制,迫使资本在社会再生产过程中获取的剩余价值通过购买生产要素重新投入到社会生产系统中,以生产更多的剩余价值。由此生产了资本螺旋式的增殖过程,并表现为社会经济系统的扩张。简而言之,资本成为了推动生产力发展的强大力量,资本扩张构成了经济扩张的深层结构,经济扩张构成了资本扩张的表层现象。

---

① 《马克思恩格斯全集》第 46 卷上册,人民出版社 1979 年版,第 212 页。
② 《马克思恩格斯全集》第 46 卷上册,人民出版社 1979 年版,第 212 页。
③ 《马克思恩格斯全集》第 4 卷,人民出版社 1958 年版,第 471 页。

　　尽管资本是推动生产力发展和经济发展的强大力量,但是资本作为一种社会关系力量要实现自身扩张,必须购买生产要素并投入到社会生产系统中才能实现。因此,资本扩张必须吸收各种资源成为自身的生产要素才能完成自身扩展。根据资本吸收的资源类型差异,可以划分为不同的资本扩张方式。人类社会所拥有的资源主要有两大类,即人力资源与自然资源。据此,资本扩张方式也可以分为两种:

　　第一种是物质资本扩张方式,即以吸收物质资源为主进行的资本扩张。它是资本扩张的历史与逻辑起点。这种扩张方式形成于既定的生产力水平和资本增殖本性的共同作用。在这一阶段,社会生产的发展凭借的生产要素有"自然力"(主要包括自然资源力和普通劳动力)和"社会劳动的自然力"。但资本在吸收这三种自然力的过程中,"资本要支付其中'人类自然力'的再生产费用(工资),其他两种自然力的使用则'不费资本分文'"。资本追求剩余价值最大化的本性驱使自身不断吸取后两种"自然力"尤其是自然资源力,由此形成了一个偏向利用自然资源力的社会再生产结构。整个社会再生产以资本力量为主导,在资本供给推动力(生产要素)和需求拉动力(消费、投资和净出口"三驾马车")的共同作用下推动了经济的不断扩张。这一扩张过程主要依靠增加生产要素(主要是自然资源力和廉价劳动力)的投入,扩大生产规模,实现经济增长,由此形成了粗放型经济发展模式。

　　第二种是人力资本扩张方式,即以吸收人力资源(即指存在于人身上的知识、技能、健康或价值等)为主导进行的资本扩张。西方发展经济学指出的人力资本对经济发展模式转型的贡献指的就是基于人力资本扩张形成的经济发展。随着生产力的发展、社会的发展与人自身的发展,人力资源作为一种社会资源产生了,这种资源构成了新的经济形态——信息经济和知识经济的主要生产要素。在新的经济形态下,资本追求剩余价值最大化的本性驱使自身不断吸取人力资源,由此形成了一个偏向利用人力资源的社会再生产结构。这种以人力资本扩张方式为深层结构的经济发展模式构成了一种科学的可持续的经济发展模式。

　　因此,资本扩张方式构成了经济发展模式转变的根源,要实现经济发展模式的转变,就是要实现资本扩张从物质资本扩张转向人力资本扩张,由此实现粗放型经济发展模式向科学的、可持续的经济发展模式的转变。

资本作为一种社会关系力量要形成一种扩张力结构,不仅需要有扩张的载体,即上面所指出作为生产要素的"自然力"进行剩余价值的生产,而且必须拥有广阔的市场空间完成剩余价值的实现,也就是实现资本的循环。因此,在剩余价值的产生过程中,资本扩张依赖生产要素(包括物质要素、精神要素和劳动力要素)提供的资源条件形成资本扩张的供给推动力。西方经济学中所谓的经济增长要素,即"经济增长的四个轮子":劳动力资源、自然资源(土地、矿产、燃料、环境质量)、资本(机器、工厂、道路)、技术(科学、工程、管理、企业家才能),构成了资本扩张的供给推动力。自然资源和技术因素的相互作用从量与质两方面为资本扩张提供了充裕的物质资源,劳动力资源为资本扩张提供了充裕的劳动力,这两种资源通过"便捷的资源供给管道"(也就是资源进入市场的各种条件,主要包括资源准入、投资准入的各种规章制度、法律政策等)进入市场,然后通过竞争进入社会再生产过程,以此推动社会再生产的不断扩张。在剩余价值的实现过程中,资本必须依赖外部市场空间,市场空间形成的巨大需求构成了需求拉动力。构成资本扩张的需求拉动力也有几个方面的因素,如拉动经济增长的"三驾马车":消费,投资(包括国内私人投资和政府在商品和服务上的支出),净出口。需求通过乘数效应和加速原理的联动作用不断创造新的需求,推动经济的不断扩张。改革开放以来,正是供给推动力和需求推动力的共同作用推动了我国经济的飞速发展:

首先,改革开放为资本扩张提供了丰富的资源条件。一方面,改革开放以来,农村劳动力的转移、人口的增长和教育水平的提高为资本的扩张提供了丰富而廉价的劳动力资源。廉价的劳动力为吸引外资创造了良好的条件。因为资本的目的是为了自身增殖的最大化,而劳动力是创造价值的唯一源泉,因此劳动力价格越低廉,资本在价值分割中占的比例就越大。另一方面,一系列的优惠政策,如税率和金融政策等,使得我国的资源开发所承担的社会成本相比而言较低,而且在生产过程中较少地承担如污染等各种外部成本,这些条件为资本扩张提供了低廉的资源。

其次,中国改革开放与世界经济发展的大背景为中国的资本扩张提供强大的需求拉动力量。中国改革开放的过程是中国市场与国际市场对接的过程。西方产业转型、升级创造的广阔的市场空间为中国资本扩张提供了强大的需求拉动力。在推进改革开放的过程中,以原子能、电子计算机和空间技术的广泛应用为主要标志,涉及信息技术、新能源技术、新材料技术、生物技术、空间技术和海洋技术等诸多领域的第三次科技革命进入中后期,西方发达国家正在进行产业转型和升级,劳动密集型产业由于成本增长而不断转移到发展中国家,这为发展中国家提供了新的市场空间。中国经济就是通过比较优势,利用后发优势实现了经济的快速增长。

再次,中国的劳动力资源,特别是农村的劳动力资源不仅作为要素为经济扩张创造了供给推动力,而且为经济发展起到了稳定器的作用。家庭联产承包责任制的实施为我国经济发展提供了一个天然的劳动力资源库,它为中国经济三十多年的持续增长提供了强大的保障:首先,农村长期以来形成的劳动力资源库为经济的持续推进缓缓注入了新的劳动力资源;其次,离乡不离土的农村劳动力转移为单个、区域劳动力在城乡之间的转移创造了良好的条件,为经济的发展、社会的稳定奠定了基础,缓和了经济的波动导致的就业压力;再次,历史遗留下来的二元农村经济结构使得农村劳动力价格保持在较低水平,为经济的发展、资本的扩张提供了廉价的劳动力资源。除此之外,城市经济改革的推进,特别是国有企业改革的有序推进使得国有企业中的剩余劳动力缓慢地进入市场,缓和了激进改革对就业市场的冲击。

中国经济创造的奇迹正是在改革开放的社会历史背景下,在构建社会主义市场经济体制的基础上,充分发挥资本力量的结果。资本带来的剩余价值通过市场不断投入到社会再生产过程中,从而使得社会再生产的扩张呈螺旋式上升趋势,推动经济的不断扩张。

根据中国经济发展的供给推动力和需求推动力,中国经济发展显然是物质资本扩张方式推动的经济发展模式,显然,资本扩张主要通过吸收廉价的物质资源和廉价的劳动力。但是,物质资本扩张方式在推动经济高速发展的同时,也为此付出了沉重的代价,这就是资本扩张产生的悖论。这种悖论主要表现在三个方面:首先是经济悖论。资本为了实现剩余价值最大化不断压低劳动力价格,导致普通消费品市场缩小,也不断使新增剩余价值转化为资本,由此导致市场空间缩小,资本的需求拉动力不断丧失。其次是资源环境悖论,物质资本对物质资源的无节度消耗导致资源枯竭,环境污染,由此也逐渐消耗了资本扩张的供给推动力。再次是人的发展危机。物质资本扩张导致了人的片面发展,使人沦为"单面人""机器人",成为资本的奴仆。总之,资本扩张造成了经济发展与人的发展的对立,甚至威胁人的生存。

总而言之,这种张力是一种"资本高投入、资源高消耗、污染高排放"的粗放型经济发展模式表现出来的内在矛盾。随着劳动力成本的增加与资源价格的增长导致供给推动力和需求推动力的不断丧失,资本与劳动之间关系的不断恶化,生态环境问题不断加剧,经济发展与人的发展之间的矛盾越来越大,必然要求转变经济发展模式,实现经济的可持续发展。

人类社会自进入工业文明以来,就迈开了探索生态文明的步伐,并为此进行了不懈努力。生态文明建设,就是人们为实现生态文明而不懈努力的社会实践过程。西方发达国家在尝到了工业化带来的环境恶化苦果之后,率先反思过去生产方式的问题,并通过技术革新、制度变革转换发展方式。最近几十年来,多数发达国家通过调整优化经济结构,治理生存环境,取得了令人瞩目的成就。其经济结构的主体已由以"高投入、高消耗、高污染、低效益"为主要特征的重化工业,转变为以"低投入、低消耗、低污染、高效益"为主要特征的现代服务业。这些国家不但经济增长质量高,效益高,民生状况改善,而且生态、环境也大为改观。尽管这些国家环境改善的成效,在相当大程度上是借助于其经济技术乃至政治、军事优势,攫取发展中国家的资源、转嫁"污染公害"完成的,但是不能否认,他们由传统工业文明向生态文明转变过程中所获得的经济、社会、生态、环境、民生效益,是传统工业化根本无法比拟、企及的。

与这些发达国家不同的是,包括中国在内的发展中国家,工业革命迟了一大步,目前正处于工业化初期或中期,面临严重的生态环境挑战。因此在这些国家所进行的生态文明建设,只能是现代化进程中的生态文明建设。一方面,这些国家不能停止自己的现代化进程去追求没有发达生产力做基础的生态文明;另一方面,也不能不顾资源环境的约束去追求所谓的现代化。由这一特点所决定,他们既不能以牺牲生态环境为代价来获取经济现代化,也不能以牺牲现代化目标为代价去实现所谓的人与自然"和谐"。因此,当代中国的生态文明建设是"现在进行时",而不是"一般将来时"。发达工业化国家曾经走过了"先污染、后治理,先破坏、后建设"的道路。实践表明,这条路在中国走不通。如果勉强按照这样的路子走下去,很可能在还没有完全享受到现代化的成果之前,就已被沉重的生态环境代价所压垮。这就要求在推进生态文明建设时,应立足于发展理念和方式的深刻转变。这就要求既要站在人类文明更高形态即生态文明的高度，又要从生态文明的总体要求和当代中国实际出发，积极创造条件，改善和优化人与自然、人与人、人与社会之间的关系。正因为如此，当代中国的生态文明建设，必须建设以资源环境承载力为基础、以自然规律为准则、以可持续发展为目标的资源节约型、环境友好型社会。这是对现代化进程中生态文明建设规律的深刻揭示。

依据当代中国生态文明建设的上述内涵与要求，在推动中国现代化的实践中应遵循如下基本原则：一是在理念上奉行生态价值观和生态伦理观。生态价值观认为不仅人是主体，自然也是主体；不仅人有价值，自然也有价值；不仅人有主动性，自然也有主动性；不仅人依靠自然，所有生命都依靠自然。因而，人类要尊重生命和自然界，人与其他生命共享一个地球。生态伦理即人类处理自身及其周围环境关系的一系列道德规范。它要求人的活动要以遵循自然规律为准则，尊重物类的存在，维护生命的权利，顺应自然运行的规律，谋求与自然界的和谐关系，保证自然系统的良性循环和动态平衡。二是在生产过程中实行以生态技术为支撑的绿色生产。生态文明追求的是经济社会与环境的协调发展，而不是单纯的经济增长，GDP 并不是衡量社会进步的唯一标志。生态文明建设，必须转变高投入、高消费、高污染的工业生产方式，实现以生态技术为基础的绿色发展。三是在生活方式上推行以低碳为基础的绿色消费。生态文明崇尚精神和文化的享受，倡导人们去追求生活的质量，而不是简单需求的满足，反对过度消费和对物质财富的过度享受。人类个体的生活既不能损害群体生存的自然环境，也不应危及其他物种的繁衍生存。因此，要厉行节约，反对浪费，使低碳绿色消费成为人类生活的新目标、新时尚。

第三节　我国生态文明建设亟待解决的问题

改革开放以来，伴随着我国社会主义现代化进程的快速推进，生态环境问题逐渐成为了一个需要解决的紧迫难题，生态文明在我国现代化进程中的地位日益突显。为了解决好这个问题，中国共产党开启了生态文明建设的实践进程，在理论上形成了生态文明建设的系统认识。值得注意的是研究当代中国的生态文明建设必须准确把握当代中国生态文明建设的基本特点，因为与已经实现现代化的国家和地区所进行的生态文明建设不同，当代中国的生态文明建设,是现代化进程中的生态文明建设,因此要在现代化进程的背景下研究我国目前生态文明建设面临的主要问题。

一、如何驾驭资本的力量

改革开放以来,中国现代化建设的成果是与充分利用外资联系在一起的。对外开放吸引和利用外资,给予了资本在中国存在的"合法性"。资本在我国发挥了巨大的作用,推动了我国现代化过程,我们正享受资本带来的文明化成果。当今中国资本的拥有者深得资本之利,同时作为资本拥有者的对立面的雇佣劳动者也以这样那样的方式从资本那里得到好处。人们倾向于把中国四十多年发生的翻天覆地的变化归结于实施改革开放的结果,在一定意义上也就是归功于资本。在此背景下,当今许多中国人对资本产生了一种盲目崇拜的情绪,以为中国的现代化已经取得的成果靠的是资本,中国要进一步推进现代化还要依靠资本。

建设和发展生态文明,需要思考这样一个问题:目前严峻的生态环境问题与资本的利用究竟有着一种什么样的关系,对资本的态度应该做出怎样的改变。尽管资本在增加物质财富、物质文明方面有着有目共睹的正面效应,但它也造成了与日俱增的负面影响。在资本的所有负面效应中,最明显的就是对自然环境的破坏。资本的增殖本性——追求利润的最大化,使人与自然之间的紧张关系凸显。因为资本在追求利润的过程中,是不择手段和贪得无厌的。只要经济的运行以资本为主体,那么它就必然不会顾及生态环境的保护,在一定意义上,资本乃是贪婪和恐惧的化身。当前,一些人在从事经济活动的过程中置生态环境污染于不顾,因为他们是"人格化的资本",追求的是资本利益的最大化。

对自然的损害与掠夺是资本增殖本性的必然结果。回顾中国改革开放的40多年,资本的运营和扩张确实提高了生产力,促进了财富大规模的积累,推动了社会的进步,但与之相伴随的后果是生态环境遭到了很大的破坏。在前面的论述中,可以知道,资本在本性上是反生态的,是与生态文明相冲突的。实际上,马克思对资本主义的批判就是对资本的批判,而他进行批判时重点主要是针对资本的限度展开的。

按照马克思的论述,即使资本具有合理性,也并不意味着它永远具有合理性,也就是说,并不意味着它永远是不可超越的,而这正是由资本自身的界限所决定的。马克思指出，"资本主义生产方式具有摧毁一切界限的力量，但它只有在自身的界限内是自由的，是没有限制的，资本的发展最终将受到自身的限制，并且实际上它也在不断创造打破自身限制的条件"①。马克思这样说道："资本主义生产的真正限制是资本自身，这就是说：资本及其自行增殖，表现为生产的起点和终点，表现为生产的动机和目的；生产只是为资本而生产，而不是相反：生产资料只是不断扩大生产者社会的生活过程的手段。"②资本的限度就是使获取利润成为生产的动机与目的，资本有了这样一个限度，它对生态环境的破坏就无法避免了。

我国的现代化建设离不开资本的支撑。然而，资本的本性就是追求利润的最大化，而为了追求利润的最大化，它必然置破坏生态环境于不顾。如何驾驭资本的力量？我们不能一味地吸引和利用资本，不能完全拜倒在资本的脚下，在利用资本的同时还应规范资本。虽然资本的本性改变不了，但国家可以采取种种限制措施，规范资本市场，使资本对自然界的伤害降到最低程度。

当然，为了建设生态文明，仅仅规范资本是不够的，还要有能驾驭资本的力量。只要资本存在一天，它对生态文明的破坏也就存在一天，规范资本仅仅是降低破坏的程度，而无法从根本上根绝这种破坏。真正的生态文明建成之时，也将是驾驭资本之日。因此为了建设生态文明，不仅要把利用资本与规范资本结合在一起，还要把规范资本与驾驭资本结合起来。

资本在当今中国的存在还有其合理性，但不能认为只有等到资本的合理性丧失殆尽以后再去考虑驾驭资本。正如异化的产生与异化的扬弃是一个历史过程，对资本的规范与驾驭也是同一个历史过程。纵观我国政府所采取的一系列经济政策和社会政策，有的政策体现了充分地利用资本，也有许多政策已经属于规范资本、驾驭资本的范围。

综上所述，我国在利用资本的同时还要规范资本、驾驭资本，这样才能让资本对自然环境的伤害降到最低，生态文明建设才能逐步走向完善。

二、如何发挥科技的作用

科学技术是第一生产力，它对推动社会历史发展起到了强有力的推动作

① 莫放春：《马克思的生态学与生态学马克思主义研究》，人民出版社 2018 年版，第 20 页。
② 《马克思恩格斯全集》第 25 卷，人民出版社 1974 年版，第 278—279 页。

用,它因此获得了至高无上的地位。正如塞尔日·莫斯科维奇所指出的:"对很多人来说,从正面来讲,科学'永远正确',从反面来讲,'科学永远不会犯错误',正是这一专断信条使科学容不得半点批评。"①人类从来没有像今天这样追求科学技术,因为伴随科学技术进步的是现代化的飞速发展,它不仅带来了高效率的生产、充裕的物质财富,而且也带来了丰富的精神生活。被马克思誉为"英国唯物主义和整个现代实验科学的真正始祖"的科学家培根在近代科学的曙光刚在地平线上升起的时候,就洞察到了科学是"伟大的复兴"的最好的工具,并且喊出了"知识就是力量"这一传颂至今的时代强音。随着科学技术成为第一生产力,它对现代化和人类进步事业的推动越来越明显。

我国从20世纪90年代开始实施的"科教兴国"战略,正是基于科技的巨大历史作用作出的正确决策。然而,科学技术给人类带来的影响,既有积极的一面,又有消极的一面。因为科学技术具有自反性,它一方面能给人类带来幸福和欢乐,另一方面却又给人类制造痛苦和烦恼。要正视科学技术的负面效应,科学技术不只是"天使",它有时候还可能是"魔鬼"。莫兰曾经尖锐地指出:"这个释疑的、致富的、征服性的和硕果累累的科学也愈益使我们面临严重的问题,……这个解放人的科学同时也带来奴役人的可怕的可能性,这个生机勃勃的认识也产生着消灭人类的威胁","科学造福的方面的进展与它有害的甚至致死的方面的进展相关联"②。

科学技术"有害的甚至致死的方面"主要表现在违背自然规律和扭曲自然进程造成与日俱增的、难以根除的污染以及核技术和生物工程技术的广泛运用对人类的生存构成威胁等。在科学技术对自然带来的伤害中可以看到科学技术与自然环境之间的严重对立。赫伯特·豪普特曼等对科学技术破坏生态环境的严重性曾尖锐地揭露:全面的科学家"每年差不多把两百万个小时用于破坏这个星球的工作上,这个世界上有30%的科学家、工程师和技术员从事以军事为目的的研究开发","一方面是闪电般前进的科学和技术,另一方面则是冰川式进化的人类的精神态度和行为方式——如果以世纪为单位来

---

① [法]塞尔日·莫斯科维奇:《还自然之魅——对生态运动的思考》,庄晨燕等译,生活·读书·新知三联书店2005年版,第7页。
② [法]埃德加·莫兰:《复杂思想:自觉的科学》,陈一壮译,北京大学出版社2001年版,第3页、第95页。

测量的话。科学和良心之间、技术和道德行为之间的这种不平衡冲突已经达到了如此地步:它们如果不以有力的手段尽快地加以解决的话,即使毁灭不了这个星球,也会危及整个人类的生存"。① 一些科学家也意识到了自己的工作对自然界和人类带来的严重后果,于是自己起来抵制自己的行动。

现代化离不开科学技术。然而,科学技术的不当使用,又产生了生态环境问题。因此,要认识到科学技术具有自反性,以及科学技术是工具。正确使用它,可以成为有益的工具;不当利用,也可以成为有害的工具。关键在于使用人类带着什么样的价值观念,为着什么样的目的去加以使用。西方马克思主义理论家和后现代主义思想家认为第一生产力的科学技术具有"原罪"、科学技术造成人的异化,以及造成自然环境的破坏的观点,明显是错误的。对科学技术的盲目崇拜、并认定科学技术天然是进步的看法,也是不正确的。这两种观点都具有片面性。实际上,科学技术本身无所谓"善"也无所谓"恶"。科学技术与资本有着很大的区别,资本本身并不是中性的,它体现的是一种生产关系,资本按其本性是与生态文明相对立的。而科学技术在现实生活中对生态环境的影响并不是由自身所决定的,而是由使用它的人所决定的。因此,建设社会主义生态文明,要正确利用好科学技术这一工具,发挥它撬动历史的"杠杆"作用。

如何发挥科学技术的作用、使科学技术在生产中发挥积极效应、使它成为对自然有益的工具而不是有害的工具? 科学技术在治理污染、开发替代能源方面能作出贡献,而且也能在产生生态环境问题的科技原因、进而树立生态的科技思想、实施绿色科技等方面作出贡献。这些科学家之所以具有如此大的信心,就在于科学技术只要在正确的价值观念指导下加以利用,它就能成为现代化强大的正面推动力。

综上所述,必须不仅要发展科学技术,还要合理利用科学技术,从而使科学技术最大程度地成为建设生态文明的有力工具和强大手段。

三、如何发展和扩大生产

邓小平同志在 1992 年南方谈话中指出"发展是硬道理"。这里的"发展"

---

① ［美］保罗·库尔茨:《21 世纪的人道主义》,肖峰等译,东方出版社 1998 年版,第 3 页、第 4 页。

主要是经济发展。经济的发展又主要是生产的扩大。因而,现代化的推进过程就是生产的不断扩大的过程。进行生态文明建设和扩大生产、发展经济并不矛盾。问题在于,从实施传统的现代化变为建成富强民主文明和谐美丽的现代化强国,在生产方式的组织等方面,应当做出相应的改变。按照传统现代化的模式,生产的过程就是不断地增长财富的过程,而且生产出来的财富越多越好。早在1925年,利奥波德就批判了这种组织生产的方式,他将之比喻为拼命地盖房子,而全然不顾空间的有限性。传统现代化仅仅只能称之为短视的发展,这种传统发展取向的结果,必将像莎士比亚所说的那样:"死于过度"。利奥波德认为人类要在大地上安全、健康、诗意和长久地生存,就必须改变这种组织生产的方式。艾比则把这种组织生产的方式称为"为生产而生产","为发展而发展",他认为,这种"为生产而生产","为发展而发展"是"癌细胞的疯狂裂变和扩散",将会促使现代文明从糟糕走向更加糟糕,导致"过度生产"和"过度发展"的危机,并最终使人类成为其"牺牲品"。

解决这个问题的关键在于,在本世纪中叶建成社会主义现代化强国的过程中,如何既使生产不断地扩大和发展,又使这种生产不会变成"过度生产",从而不会像"癌细胞"一样危及生态环境和人自身的生存。联系我国实际,生产是在社会主义制度下的生产,生产方式是社会主义生产方式。关于这一问题,马克思对社会主义生产方式有相关论述。马克思对社会主义生产方式的本质特征有许多论述,最基本的包括两个方面的内容:其一是体现社会主义生产按比例协调发展的客观要求。他指出:"要想得到和各种不同的需要量相适应的产品量,就要付出各种不同的和一定数量的社会总劳动量。这种按一定比例分配社会劳动的必要性,决不可能被社会生产的一定形式所取消,而可能改变的只是它的表现形式,这是不言而喻的。自然规律是根本不能取消的。在不同的历史条件下能够发生变化的,只是这些规律借以实现的形式。"①按比例协调发展是社会生产的客观要求和一般规律,但在不同的社会形式下,其实现的程度有着重大区别,社会主义的生产方式能够更好地实现社会生产按比例协调发展。其二是实行对生产过程有意识的社会调节。马克思指出,没有一种社会形式能够阻止社会所分配的劳动时间以这种或那种形式调节生

---

① 《马克思恩格斯全集》第32卷,人民出版社1974年版,第541页。

产,资本主义与社会主义的区别就在于前者"对生产自始就不存在有意识的社会调节"①,而后者则"社会调节着整个生产"②。按照马克思的论述,社会主义就是要消灭社会生产内部的无政府状态,对生产过程实行有意识的社会调节,这里需要说明的是,马克思主义关于社会主义生产方式的这两大特征是建立在社会主义生产目的的基础之上的。按照马克思的论述,社会主义生产是自主的联合生产和直接的社会生产,与此相应,社会主义生产的目的不再是价值和剩余价值,而是生产更多、更好的产品,用以直接地、更好地满足全体社会成员的生活需要。

马克思主义的创始人曾经提出过"全面生产"这一概念,这一概念更有助于深刻地理解马克思主义关于社会主义生产方式的理论。按照马克思的论述,人的生产与动物的生产不一样,这一区别就在于人的生产的全面性,也就是说,人的生产不能像动物那样,只是按照自身肉体的需要来进行生产,即"只生产它自己或它的幼仔所直接需要的东西"③,而是要按照社会和人的全面发展的需要组织生产。马克思还指出,人的生产全面性的根本标志就是"人再生产整个自然界"④,人在生产过程中不仅要关注自身的生存与发展的需要,而且要关注其他自然生存物生存与发展的需要,也就是说,要保证人类以外的自然生命体正常运动的需要,使自然生态生产正常进行和发展。人类的生产活动过程,应当包括再生产自然界的过程。人的生产必须以全面建设自然界、恢复自然界的良性循环为己任。马克思还强调,人的全面生产将实现人的尺度与自然界的尺度的统一。动物的生产只是按照自身所属的那个物种的需要的一个尺度来进行生产,而人则可以按照任何物种的尺度来进行生产。因此,在人的全面生产的实践中,应当总是两种尺度同时在起作用。所谓人的尺度,主要是指把人自身生存与发展的需要和利益,作为人的生产实践的终极目的和价值尺度;而所谓自然界的尺度,主要是指把非人类生命物种生存发展的需要和利益,作为人的生产实践活动的终极目的和价值尺度。如果把这两种尺度有机地结合在一起,就能够保证社会生产和自然生态生产协调发展。

---

① 《马克思恩格斯全集》第 32 卷,人民出版社 1974 年版,第 542 页。
② 《马克思恩格斯全集》第 1 卷,人民出版社 1960 年版,第 37 页。
③ 《马克思恩格斯全集》第 42 卷,人民出版社 1979 年版,第 96 页。
④ 《马克思恩格斯全集》第 42 卷,人民出版社 1979 年版,第 97 页。

马克思还提出,人在进行全面生产的过程中,"懂得按照任何一个种的尺度来进行生产,并且懂得怎样处处都把内在尺度运用到对象上去",因此"人也按照美的规律来建造"①。大自然具有审美价值,自然环境所表现出来的那种相互协调与和谐进行的形式,这本身就是自然的生态美。而大自然的这种美不仅为了人类,也为了自身。当人类按照自然生态规律和美的规律去开发、加工和塑造自然之时,将会使原生自然的生态美更加完善。因此应当使人的全面生产活动成为遵循美的规律美化自然的过程。在马克思看来,只有社会主义生产方式才能实现这种人的生产的全面性。

马克思所说的社会主义生产方式和人的生产的"全面性",为生态文明建设中究竟如何组织生产这一难题提供了有益的启示。即要求从传统的现代化模式中走出来,改变旧的组织生产的方式,不能单纯地去扩大生产、发展生产,而是改变生产、调整生产。需要改变和调整的首先是生产的目的。为了实现建成社会主义现代化强国目标而实施的生产不能是"为了生产而生产",更不能是为"价值和剩余价值"而生产。这种生产首先是为了满足人的真正的需要,是与人的全面发展联系在一起的需要。

为了建设社会主义生态文明而实施的生产还要有"自然界的尺度",即应当不断地满足非人类生命物种生存发展的需要和利益。这种生产应当尽可能地成为马克思所说的"全面的生产",关键在于这里所实施的生产必须限制在"生态系统的承载力"的范围之内。传统现代化进程中的生产与富强民主文明和谐美丽的现代化进程中的生产的重大区别就在于:前者往往不考虑"生态系统的承载力",而后者必须限制在"生态系统的承载力"的范围之内。

此外,在实现富强民主文明和谐美丽的社会主义现代化强国目标的过程中,还需要改变生产的组织形式。马克思赋予社会主义生产方式有意识地加以调节和按比例协调地进行的特征。在富强民主文明和谐美丽的现代化的背景下,生产必须向"有意识地加以调节"和"按比例协调地进行"两方面努力,否则就达不到我国社会主义生产所预定的目标,也不可能建设和增加生态文明。搞社会主义市场经济不等于排斥政府对生产过程的有意识的调节,也不等于生产就不需要按比例协调地进行。在市场经济前面加上"社会主义"这

---

① 《马克思恩格斯全集》第42卷,人民出版社1979年版,第97页。

四个字,就意味着我们的市场经济模式与西方资本主义国家的那种极端市场经济模式是有区别的,即市场经济与社会主义结合在一起。其中一个重要方面就是使市场机制与社会主义生产方式结合在一起,使市场机制与"有意识地加以调节和按比例协调地进行"的原则结合在一起。

综上所述,不仅要进一步发展生产,更要着眼于扩大和调节生产,从而使生产既能为满足人的真实需要服务,又能为满足非人类生命物种生存发展的需要服务的目的。

四、如何刺激和引导消费

消费(特别是国内消费需求)、投资和净出口是推动中国经济增长的"三驾马车"。当"两驾马车"不能以更高的速度转动之时,需要"内需"这驾马车更快地跑起来,"扩大内需"确实是促进经济增长的一个有效途径。传统的现代化以不断地增加 GDP 为目的,并以刺激消费,甚至通过制造"虚假的需求"为手段。这种对消费一味地加以扩大和刺激的方针,必然要进行改变。因为建设生态文明,发展绿色经济、循环经济、低碳经济,并不是要人们享受丰富的物质生活,相反地它也是以富裕的物质生活为前提,它也需要用消费来拉动生产,创造出丰富的物质生活资料。

然而,当今世界很多国家走上了消费主义的道路,我国实际上也正朝这一方向发展。我国究竟能不能继续把扩大内需作为基本战略,究竟能不能推行消费主义的路线?马克思对资本主义社会的批判或许能为解决这个问题提供一些启示。马克思之所以要批判和变革资本主义,因为资本主义社会一方面使人的劳动堕落成为被迫的、异化的劳动,另一方面又把人引向只知道物质消费的"单向度的人"。他这样揭露说,在资本主义条件下,"每个人都千方百计在别人身上唤起某种新的需要,以便迫使他作出新的牺牲,使他处于一种新的依赖地位,诱使他追求新的享受方式",在这一社会中,"产品和需要的范围的扩大,成为非人的、过分精致的、非自然的和臆想出来的欲望的机敏的和总是精打细算的奴隶",为了达到自己增加财富的目的,"工业的宦官投合消费者的最下流的意念,充当他和他的需要之间的牵线人,激起他的病态的欲望,窥伺他的每一个弱点,然后要求对这种殷勤的服务付报酬"。①

---

① 《马克思恩格斯全集》第 42 卷,人民出版社 1979 年版,第 132—133 页。

马克思对资本主义社会中这种消费异化还有更加精辟的论述："人（工人）只有在运用自己的动物机能——吃、喝、性行为，至多还有居住、修饰等等的时候，才觉得自己是自由活动，而在运用人的机能时，却觉得自已不过是动物。动物的东西成为人的东西，而人的东西成为动物的东西。"①在马克思看来，资本主义社会的罪恶在于造成了这样的颠倒：吃、喝等明明是动物的功能，可人却完全专心致志地享受，把此当作人的独有的功能来对待，而劳动明明是只属于人的功能，可人却偏偏不加重视，只是把此作为一种手段，实际上已把劳动视为动物的功能了。人从动物脱胎而来，因此必然具有双重性，即既有动物性，又具有人性，问题在于，他表现为动物性一面时却误当作人所独有的东西加以享受，而真正要他表现为人性的一面时，他却像动物一样地运作，这就是在资本主义社会中的人的消费异化。

马克思批判的是资本主义社会把人变成只知道物质消费的"单向度的人"。这种消费主义所带来的危害不仅造成人性的扭曲，也对生态环境造成了巨大的伤害。在消费主义的驱使下，人们信奉的是"越多越好"和"越奇越好"的原则。衡量一个人生活得好与不好的唯一标准是他拥有多少东西和消费掉多少东西。"好"不仅与多联系在一起，而且与"奇"联系在一起。人们不仅追求多，还追求奇。追求多和奇，这正是消费主义的主要标志。这些又"多"又"奇"的东西只能向自然界索取，被消费的大量物品是建立在大量消耗自然界的资源、能源的基础之上的。

20世纪下半叶，地球上的这一代人所消费掉的东西，亦即向自然界索取的东西，比所有的前辈所消费、所索取的东西加起来的总和还要多。消费主义实施的过程也就是损害生态环境的过程。人对物质贪婪欲望的被唤起与被刺激同对自然界的伤害是紧紧地联系在一起的，两者之间存在着一种正比关系。印度诗人甘地说：自然满足人的需要绰绰有余，但却不能满足人的贪婪。当一个社会的人的贪婪被大量唤起和刺激以后，这个社会就成了一个物欲横流的社会，而这个社会一旦处于这样一种状态，那么它就必然不顾一切地冲向生态容量的底线。

党的十七大报告中提出的建设生态文明，把"基本形成节约能源资源和

---

① 《马克思恩格斯全集》第42卷，人民出版社1979年版，第94页。

保护生态环境的消费模式"作为生态文明的主要标志、基本内涵和建设目标。从改变人的消费模式入手来建设生态文明的要求正当其时,应当毫不犹豫地去改变目前与生态文明不相容的消费模式。既要刺激消费,又要引导消费,即按照建设生态文明的要求去规范人们的消费行为。

首先,要引导人们全面地满足自己的需求,特别是精神和文化方面的需要。人的消费既有物质方面的消费,也有文化方面的消费,应当加大文化消费活动在整个消费活动中的比重。文化消费是一种高层次的日常活动,它能较好地满足我们的精神文化需求。

其次,要引导人们在物质消费领域打断"更多"与"更好"之间的联结,使"更好"与"更少"结合在一起。在消费领域真正打断"更多"与"更好"之间的联结,按照生态文明的要求去引导消费是一场改变人的需求结构的革命,即要建立一种把消费的质、生活的质放在第一位的需求结构。

综上所述,不仅要刺激消费,用扩大消费来促使经济的发展,而且更要引导消费,让消费不至于突破生态容量的底线。

第六章 我国生态文明建设的战略选择和现实路径

建设生态文明是中华民族永续发展的千年大计、根本大计。中国特色社会主义与生态文明建设是一种什么样的关系？如何建设生态文明？既是生态文明建设理论体系需要系统回答的时代难题,也是事关生态文明建设发展阶段、基本地位、战略举措、建设使命、发展目标等基本认知的根本性、系统性问题。

第一节 生态文明建设是中国特色社会主义的题中应有之义

建设生态文明是人类社会生存繁衍和永续发展的根本前提,是社会主义文明程度的重要标志。社会主义社会是全面发展、全面进步的社会。党的十九大确定的中国特色社会主义进入新时代,近代以来久经磨难的中华民族迎来了从站起来、富起来到强起来的伟大飞跃,作为领导中国特色社会主义伟大事业的中国共产党,从来没有像今天这样,努力"更好满足人民在经济、政治、文化、社会、生态等方面日益增长的需要,更好推动人的全面发展、社会全面进步"①,实现我国物质文明、政治文明、精神文明、社会文明、生态文明的全面提升。

一、中国特色社会主义伟大事业内含生态文明建设

当人们在谈论中国特色社会主义时,往往只是把注意力集于"中国特色"上,实际上"中国特色"是个性,而社会主义是共性,对于"中国特色"的认识,

---

① 《习近平谈治国理政》(第三卷),外文出版社2020年版,第9页。

是不能和社会主义分开的。离开了"中国特色"来谈论"社会主义",固然有可能重蹈把社会主义看成是一种固定不变的模式和书本上的教条的覆辙,但是,离开"社会主义"来谈论"中国特色",也有可能犯下把"中国特色社会主义"变成"中国特色资本主义"的错误。中国特色社会主义是既坚持科学社会主义基本原则,又具有鲜明实践特色、理论特色、民族特色、时代特色的社会主义,是中国特色社会主义道路、理论、制度、文化四位一体的社会主义,是统揽伟大斗争、伟大工程、伟大事业、伟大梦想的社会主义,是根植于中国大地、反映中国人民意愿、适应中国和时代发展进步要求的社会主义。既然中国特色社会主义坚持了科学社会主义的基本原理,那么马克思主义所揭示的社会主义的本质特征和核心价值也就是中国特色社会主义的本质特征和核心价值。而恰恰按照马克思主义所揭示的社会主义的本质特征和核心价值,必须把生态文明建设置于社会主义建设中的核心地位。

当今世界正处于"一球两制",资本主义和社会主义共存于地球。在马克思看来,后者与前者是两种性质迥然有别的制度,而且后者要比前者优越得多。而这种优越性主要体现在后者会把人引向一种更人性化的生活方式。有些人把马克思主义理解成这样一种哲学,即主张人的物质利益、人对不断增加自己的物质福利和使物质生活日益舒适的愿望是人的主要动力。基于这一认识,他们又提出,马克思主义之所以要批判和推翻资本主义,只是为了想从经济上改善工人阶级,马克思主义之所以要废除私有财产,只是为了使工人获得资本家现在所拥有的东西。也就是说,马克思主义要用社会主义制度取代资本主义制度的出发点在于,资本主义制度下的那种人从属于物的生活方式得不到完满的实现,而必须建立另一种社会制度即社会主义制度来实现那种生活方式。实际上,这样来理解马克思主义的宗旨是肤浅的,因为马克思主义的宗旨恰恰是使人摆脱经济决定论的枷锁,使人的完整的人性得到恢复,使人与自然界处于统一和谐的关系之中;这样来理解马克思主义对资本主义批判的要害也是错误的,因为马克思主义对资本主义的批判不全在于资本主义财富分配的不公正,不全在于工人阶级处于贫困之中,而还在于处于资本主义制度下的人性得不到整体的实现。

马克思曾对资本主义社会中人的需求和人的本性遭到歪曲作出过深刻的揭露,他看到了资本主义社会中的生活方式是以满足动物性的功能作为宗旨的,所以他要建立一种新的社会制度,即社会主义制度,在这种社会制度下人的生活方式将以满足人的功能为宗旨。社会主义与资本主义确实是两种根本对立的社会制度,在这两种社会制度下的人的生活方式也是对立的。社会主义社会必须消除有损人的尊严的贫困,但并不能因此得出结论,社会主义就是为了获得物质生活的富裕,社会主义社会决不像资本主义社会那样,把人引向一种只知道从物质方面来满足自己的"经济动物"。社会主义不是为了使资本主义条件下的生活方式更顺利地发展下去,而是旨在创建一种新的生活方式。

社会主义的本质特征和核心价值在于创建一种与资本主义的生活方式不一样的、以实现人的全面发展为宗旨、以真正满足属于人的功能与需求为主要内容的存在方式。中国人民在践行中国特色社会主义的伟大事业的过程中,需要把建设生态文明作为一个重要的战略任务。因为新的生活方式的形成的一个重要条件是建立起人与自然之间的和谐联系,即创立生态文明。社会主义的本质特征和核心价值与生态文明的本质特征和核心价值是完全一致的。所以,中国特色社会主义必然要把生态文明建设作为基本内容。

中国特色社会主义因其坚持科学社会主义而具有社会主义的本质特征和核心价值,与此同时,它又因其具有中国特色而展现出生动的民族色彩。我们已经通过探讨其所具有的社会主义的本质特征和核心价值,说明这种社会主义必然以生态文明建设作为基本内容,倘若进一步去分析其中国特色,那就会更加清楚地表明这种社会主义必须以生态文明作为标识。所谓"中国特色"是与社会主义初级阶段联系在一起的。中国特色社会主义实际上就是"处于初级阶段的社会主义"。"处于初级阶段的社会主义"是对中国社会主义的历史前提、现实状况和发展程度的正确定位,这也正是中国特色社会主义具有"中国特色"的历史依据。中国共产党正是认识到了中国特色社会主义长期处于初级阶段,才使中国特色社会主义置于现实的国情基础上。而正是中国的国情决定了中国的社会主义建设不仅需要一般地强调,而且需要特别地强调生态文明的重大意义。

中国特色社会主义所立足的究竟是一种什么样的中国国情呢?简单地说就是人多地少。可以把"地"视为是包括自然资源、环境、生态在内的所有自然资本的代名词。中国是世界上"自然资本"相对缺乏的地方。可以把世界上的国家大致分为以下四类：第一类是像澳大利亚、加拿大、俄罗斯这样的地多人稀的国家；第二类是像新加坡这样的地少人也少的国家；第三类是像美国这样的人多地也多的国家；第四类是像中国这样的人多地却少的国家。比起前三种类型的国家，中国的自然资本方面的先天条件严重不足。前三类的许多国家按照"先发展，后治理"、经济增长至上、不顾及自然环境的工业文明的发展模式，已经在充裕的自然资本的条件下，实现了工业化、城市化和现代化，但与此同时，也付出了破坏自然环境、造成生态危机的代价。我国当前也面临着向工业化、城市化、现代化发展的使命，由于我们的自然资本不足够充裕，所以如果也按照西方工业化国家的发展模式来发展自己，所付出的代价将更加惨重，这种代价我们根本付不起，很有可能工业文明的成果没有享受到，而代价却已经把我们葬送掉了。西方工业化国家原先的自然资本如此充裕，在工业化的过程中即使这些自然资本受到了伤害，它们还有可能加以修补；而我们原本的自然资本十分贫乏，一旦连这么一点"老本"也输掉了，那真的是无立足之地了。这是一个非常简单而又明白的事实，就看我们是否正视。旧中国留下的是一个"一穷二白"的家底，我们是在这一家底上建设现代化的社会主义。

在这种情况下，必须保持清醒的头脑，既没有挥霍的理由，也没有浪费的资本，唯有艰苦奋斗，努力建设资源节约型社会、环境友好型社会才是正确的道路。值得庆幸的是中国特色社会主义直面这一基本国情，在向工业文明发展的过程中就提出了建设生态文明的任务，也就是说，按照生态文明的要求来发展工业文明。别的国家是在实现了工业文明以后再提出建设生态文明，而中国特色社会主义则在发展工业文明的过程中就正视生态文明的问题。从一定意义上说，只要中国特色社会主义确实是一种富有中国特色的、立足于中国国情的社会主义，那么它就必然会把生态文明的新概念、新理念写在自己的旗帜上。

党的十八大以来，以习近平同志为核心的党中央着眼于社会主义初级阶段总依据、实现社会主义现代化和中华民族伟大复兴总任务的有机统一，反复强调坚持包括生态文明建设在内的"五位一体"中国特色社会主义事业总体布局，要求从源头上扭转生态环境恶化趋势，为人民创造良好生产生活环境，努力建设美丽中国，实现中华民族永续发展。社会主义与生态文明具有高度一致性。生态文明的提出,是建立在马克思主义完整、科学地把握人类社会整体历史进程的基础上的,是内在地、逻辑地统一于社会主义的本质之中的。社会主义生态文明源自社会主义经济建设、政治建设与生态文明建设的内在一致性,源自社会主义能最大限度地遵循人和自然、社会之间的和谐发展规律。社会主义生态文明代表了人类文明发展的新形态,社会主义的本质使社会主义具有超越资本主义的力量。在社会主义社会中,代表人民掌权的党和政府,不是任何一个利益集团的代表,而是代表了全体人民的根本利益。社会主义超越了具体利益、眼前利益和局部利益,站在人类文明发展的长远角度和高度,将团结、引导和带领最广大的人民群众,共赴人类社会的美好前程。

二、生态文明建设是战略布局的重要内容

习近平指出:建设生态文明是"四个全面"战略布局的重要内容。总布局是回答社会主义是什么的问题,总战略是解决如何建设社会主义的问题。"四个全面"战略,既是战略目标、发展目标,也是战略举措、战略抓手。从逻辑关系来讲,全面建成小康社会是党的十八大提出的总目标,全面深化改革、全面推进依法治国是"一体两翼",全面从严治党则是领导核心。每一个全面又无不涵盖生态文明建设,也无不体现生态文明建设的内在要求、建设目标。

一是全面建成小康社会,着力体现"小康不小康,生态环境是关键"。生态环境质量是衡量小康社会建设的一个非常重要的砝码。不能说经济硬性发展了,人民群众软性、弹性的生活质量就下降了。从近年来一些突出的环境问题给人民群众生产生活、身体健康带来的严重影响和损害后果来看,传统意义上所说的"生产发展、生态良好、生活幸福"还要加上"生命健康",走"四生共赢"的文明发展之路,才是一种可持续的生活方式,是一种更高级别的更符合小康社会基本要义特征的社会文明结构。

二是全面深化改革,把生态文明纳入体制机制建设轨道。建设生态文明,必须建立系统完整的生态文明制度体系,用制度保护生态环境。习近平强调,要深化生态文明体制改革,尽快把生态文明制度的"四梁八柱"建立起来,把生态文明建设纳入制度化、法治化轨道。党的十八大以来,一系列涵盖并体现生态文明要求的目标体系、考核办法、奖惩机制以及国土空间开发保护制度、耕地保护制度、水资源管理制度、环境保护制度、资源有偿使用制度、生态补偿制度和环境损害赔偿制度等一系列生态文明制度性安排文件相继出台,如

《生态文明建设目标评价考核办法》《关于设立统一规范的国家生态文明试验区的意见》《关于全面推行河长制的意见》等。这都是以全面深化改革引领生态文明建设的体制、机制变革，意义非常深远，体现了以习近平同志为核心的党中央深刻的变革意识和历史担当。

三是全面依法治国，用最严格的制度、最严密的法治为生态文明建设提供法治保障。近年来，《中华人民共和国环境保护法》《中华人民共和国大气污染防治法》《中华人民共和国水污染防治法修正案（草案）》《中华人民共和国环境保护税法》《最高人民法院、最高人民检察院关于办理环境污染刑事案件适用法律若干问题的解释》等一系列法律法规、法律解释的实施、新修订和新说明，体现了以习近平同志为核心的党中央，以全面依法治国为引领，不断推进生态文明建设科学立法、严格执法、公正司法、全民守法的法治自觉。

四是全面从严治党，彻底扭转政绩观，为人民群众提供最公平的生态公共产品和最普惠的民生福祉。加强和改善党对生态文明建设工作的领导，扭转过去"唯 GDP 主义"的政绩观，要着力发挥好评价考核"指挥棒"的作用。如《生态文明建设目标评价考核办法》，坚持评价与考核相结合，评价重在引导，在指标体系中提高了生态环境质量、公众满意度等反映人民群众切身感受的权重；考核重在约束和奖惩，将其结果作为党政领导班子和领导干部综合评价、奖惩任免的重要依据。这对于形成党政领导一岗双责、党政领导与部门联动的新政绩观，引导和督促各级党政领导干部自觉推进生态文明建设，起到了非常重要的导向作用。

三、建设美丽中国是实现中国梦的重要内容

生态文明建设是对自身发展中存在的突出问题和世界各国在发展中的普遍问题的清醒认识。在过去一个较长时期，我国为了提升工业化水平、加速经济发展，采取了比较粗放的发展方式，导致经济发展与环境容量之间、环境质量现状与公众环境质量诉求之间的矛盾不断凸显。现阶段在人均资源短缺、环境容量有限的条件下，我国已不具备西方国家工业化早期粗放发展的条件，也不能复制发达资本主义国家掠夺他国自然资产的增长方式，更不能走西方先污染后治理的老路。如果不摒弃为了"金山银山"而毁坏"绿水青山"的发展方式，不仅难以实现"两个一百年"奋斗目标，还将导致生态危机，严重威胁我国经济社会可持续发展。因此,走向生态文明新时代、建设美丽中国,凝聚着对人类社会发展史的科学认识,凝聚着对我国经济社会发展经验教训的深刻总结。

当前,生态环境特别是大气、水、土壤污染,已成为我国经济社会发展的突出短板。改革开放40多年来,我国平均经济增长率接近两位数,几乎是同期世界发达国家的3倍。但是,实现总体小康以后,过去那种以拼资源要素为主要特征的高消耗、高投入的粗放型经济增长模式已不可持续,而西方发达国家在上百年工业化过程中分阶段出现的环境问题,在我国更是以"时空压缩"的方式集中呈现出来。新常态背景下,环境和资源问题已成为制约经济持续健康发展的重大矛盾、人民生活质量提高的重大障碍、中华民族永续发展的重大隐患。

作为仍处于工业城镇化进程中的发展中国家,如何在经济发展与生态环境保护之间找到平衡,从而实现双赢,是实践中亟待破解的难题。正是基于对改革开放以来在发展中所遭遇的这些突出问题的深刻认识,特别是为了全面回应人民的诉求和期盼,生态文明建设成为今后在发展中必须坚持的方向,丝毫动摇不得。正如习近平所指出的那样:"我国生态环境矛盾有一个历史积累过程,不是一天变坏的,但不能在我们手里变得越来越坏,共产党人应该有这样的胸怀和意志。"①必须从政治的高度来深刻认识生态文明建设的重大意义,切实树立正确的政绩观,真正转变发展理念,下决心走绿色发展之路。

建设社会主义生态文明,坚定不移走绿色发展之路,是一场涉及生产方式、生活方式、思维方式和价值观念的革命性变革。实现这一伟大变革,要求超越西方工业文明,拓展绿色、循环、低碳的生产力发展空间和文化发展空间,寻求生态文明范式下的可持续发展与繁荣。不仅要顺应自然,尊重人与自然和谐相处的边界约束,摒弃违背自然规律的增长方式,使经济发展回归自然容量的范围;还要积极利用自然、改造自然,以最小的资源环境投入获得最大化产出,实现人与自然、环境与社会、人与社会和谐共荣。这样,人与自然不是征服与被征服的关系,而是相伴相生、彼此促进的关系。最为关键的是,要通过

---

① 《习近平关于社会主义生态文明建设论述摘编》,中央文献出版社2017年版,第79页。

生态文明制度建设,严守生态红线、实行生态补偿、改善生态管理、保障生态安全,充分吸取工业文明的精华,克服工业文明的弊端,迈向人与自然和谐共生的新境界,不断夯实中华民族永续发展的制度基础。

过去那种粗放的发展方式已经难以持续,生态文明建设需要立足平衡发展需求和资源环境有限供给之间的矛盾,着力解决当前生态环境保护的突出问题,推进生态文明建设,这充分体现了对中国特色社会主义事业"五位一体"总布局的深刻把握,体现了对人民福祉、民族未来的责任担当,对人类文明发展进步的深邃思考。

然而,相对于从农耕文明向工业文明的跨越转型,从工业文明走向生态文明的转型挑战更为严峻,任务更为艰巨,时间也可能更为漫长。当前我国的现实与美丽中国的梦想,意味着距离,展示着方向,凸显着重任。在 2018 年全国生态环境保护大会上,习近平在总结过去工作的基础上,进一步指出"总体上看,我国生态环境质量持续好转,出现了稳中向好趋势,但成效并不稳固。生态文明建设正处于压力叠加、负重前行的关键期,已进入提供更多优质生态产品以满足人民日益增长的优美生态环境需要的攻坚期,也到了有条件有能力解决生态环境突出问题的窗口期。我国经济已由高速增长阶段转向高质量发展阶段,需要跨越一些常规性和非常规性关口。我们必须咬紧牙关,爬过这个坡,迈过这道坎"。[①]

"美丽中国"就是按照生态文明要求,通过建设资源节约型、环境友好型社会,实现人与自然、人与人之间的和谐美好,包括了清洁环境的自然之美,辉煌璀璨社会文明的人文之美,爱护自然、尊重自然、友好和睦的行为之美等多重含义。建设美丽中国顺应了人民群众对干净饮水、新鲜空气、卫生食品、优美宜居的新期待,是 14 亿多人民的共同心愿,集中体现了社会主义生态文明建设的目标,是马克思主义生态思想在中国的运用和发展。

马尔库塞根据黑格尔和马克思关于"按照美的原则塑造对象性世界"理论,提出了"美的还原"法。他认为,美的形式既是人的存在的环节,又是自然界存在的环节,美本质上不是损害和破坏,而是一种顺应自然所固有的生命向

---

① 《习近平:坚决打好污染防治攻坚战　推动生态文明建设迈上新台阶》,新华网 2018 年 5 月 19 日,见 http://www.xinhuanet.com/politics/leaders/2018-05/19/c_1122857595.htm。

上力的、感性的和美的特性,使自然界本身的悦人的力量和特性得以恢复和解放,提出"对自然的征服减少了自然的盲目性、凶残性和多发性"①。习近平同志指出,"生态环境保护是功在当代、利在千秋的事业";要"像保护眼睛一样保护生态环境"。建设社会主义生态文明,就是一条摒弃了野蛮掠夺自然资源和破坏自然生态环境的全新的发展道路,是一条实现中华民族最大福祉的可持续发展道路,是一条追逐和实现美丽的道路,是在享受物质文明的同时,也能够望得见山、看得见水、记得住乡愁。

从社会发展的历史视角看,生态文明有着久远的历史渊源和现实意义,揭示着未来的导向。生态文明不是空泛的口号,而有可测度的指标和评价体系,如低碳经济,便是具有刚性、可测度且发展难度较大的生态文明建设途径。中国的生态文明建设,迫切需要形成一套相对完整的体制机制和政策体系,但作为一项系统而庞杂的工程,绝不可能一蹴而就,尤其是我国东西部特定而迥异的自然环境基础,以及以水为表征的气候容量差异,美丽中国梦有着客观的自然承载能力的刚性约束。

党的十九大报告首次将"美丽"作为新时代社会主义现代化建设的重要目标写入党代会报告,并在多处强化了"富强民主文明和谐美丽"这一社会主义现代化建设整体目标。报告在第一部分,即"过去五年的工作和历史性变革"中指出:为把我国建设成为富强民主文明和谐美丽的社会主义现代化强国而奋斗。报告在第三部分,即"新时代中国特色社会主义思想和基本方略"中又指出:新时代中国特色社会主义思想,明确坚持和发展中国特色社会主义,总任务是实现社会主义现代化和中华民族伟大复兴。在全面建成小康社会的基础上,分两步走在本世纪中叶建成富强民主文明和谐美丽的社会主义现代化强国。报告在第四部分,即"决胜全面建成小康社会,开启全面建设社会主义现代化国家新征程"中又一次指出:第二个阶段从 2035 年到本世纪中叶,在基本实现现代化的基础上,再奋斗十五年,把我国建成富强民主文明和谐美丽的社会主义现代化强国。

回顾历史,社会主义建设的目标,从 1987 年党的十三大报告确定"为把我

---

① [美]赫伯特·马尔库塞:《单向度的人——发达工业社会意识形态研究》,张峰等译,重庆出版社 1988 年版,第 202 页。

国建设成为富强、民主、文明的社会主义现代化国家而奋斗"的目标开始,至
2007 年党的十七大报告确定"建设富强民主文明和谐的社会主义现代化国
家"目标,30 年间,这个目标在整体上坚持了物质文明、政治文明和精神文明
的内在统一。建成富强民主文明和谐美丽的社会主义现代化强国,极大地凸
显出生态文明、美丽中国、人与自然和谐对中国特色社会主义事业总体布局新
的拓展,是统筹推进"五位一体"总体布局、协调推进"四个全面"战略布局的
必然要求,显示出生态文明建设在实现中华民族伟大复兴进程中的应有目标
和发展动力。换言之,实现中华民族伟大复兴中国梦,也一定是实现中华民族
伟大复兴的美丽中国梦。

四、绿色发展是永续发展的必要条件

发展是人类面对的一个永恒主题,发展又是当今世界上所有国家高度关
注的全球性话题。绿色发展理念的灵魂就在于"转变",即把原先的那种经济
增长与社会公平、生态环境保护脱节甚至对立的发展模式,转变为一种新的发
展模式。总体而言,无论是较早迈入现代化的西方发达国家,还是正拼命地追
赶西方国家的欠发达的发展中国家,在发展问题上都存在着误区,即都把发展
视为物质财富的增加,都选择那种以牺牲生态环境作为代价来获取经济增长
的发展模式,具体地说就是用高投入、高消耗和高污染来换取经济增长。新中
国成立以后,中国走上了社会主义道路,但所选择的发展模式就是西方发达国
家曾经和还在实施的发展模式。可以说,当今中国出现的资源、环境问题在很
大程度上是选择了这种发展模式所导致的结果。

可以看到实施传统的发展模式给中国环境、生态带来严重破坏的程度,而
且也可以知道,即使实施与西方发达国家同样的发展模式,由于国情的不同,
给中国所带来的危害要比对它们所带来的不良后果更为严重。从这一意义
上,转变传统的发展方式对当今中国来说远比对西方发达国家来得迫切。西
方发达国家可以通过把不良后果"转移"和"转嫁"给发展中国家来消解、缓和
它们的生态危机,而我们没有条件这样做,也不应当这样做。我们的唯一选择
是"转变",即通过"转变"发展模式来解决日益严重的生态问题。

可以说,绿色发展理念是在中国最迫切需要转变发展模式的紧要关头提
出来的。绿色发展理念的提出标志着中国特色社会主义真正找到了自己的发
展道路。社会主义发展的外部条件和内部条件的变化,都要求当代社会主义

必须摆脱原先那种片面注重经济的发展模式,推出新的适应时代源流的发展模式。而当下的国际环境和社会主义的发展现实,也为这种新的发展模式的提出创造了条件。这种新的发展模式在中国首先被提出和加以实施,这当然不是偶然的。中国特色社会主义选择绿色发展作为发展战略,这就意味着中国的发展不是黑色的发展而是绿色的发展,中国的崛起不是黑色的崛起而是绿色的崛起。所谓黑色的发展和崛起就是让这种发展以历史上最空前的、脆弱的生态环境来承载,在这种发展和崛起的同时,自然与人类的矛盾迅速拉大,生态严重"赤字"。不得不承认,我们原先走在黑色发展和崛起的征途上。正因为是走在这样一个征途上,所以即使我们按西方工业文明的标准远未达到发展与崛起的程度,而黑色发展和崛起的一切代价和后果我们都已尝到了。很显然,中国不是不要发展和崛起,而是不要那种黑色的发展和崛起。中国黑色的发展与崛起不仅对中国人来说是一种灾难,而且对世界人民来说也是一种不幸。

建设生态文明是中华民族永续发展的根本大计。习近平同志在党的十九大报告中要求,推进绿色发展,着力解决突出环境问题,加大生态系统保护力度,坚决制止和惩处破坏生态环境的行为。我们要实现的现代化,前提条件和实施路径都必须保障人与自然和谐的共生。绿色发展不仅是要创造更多物质财富和精神财富以满足人民日益增长的美好生活需要,也要提供更多优质生态产品以满足人民日益增长的优美生态环境需要。人类社会在不断创新的技术、不断积累的资本和日渐强化的制度的推进下,逐步从生产力低下和为温饱所困的农耕文明,走向了物质相对丰富且生活品质极大改善的工业文明。工业文明为人类社会带来巨大的物质财富,但这种以物质的消耗和财富的积累带动外延拓展扩张的发展范式,也使人类陷入人居环境污染、资源耗竭、生态恶化以及工业化后期阶段经济增长疲软的困境,难以实现可持续发展。

在生产力水平低下的早期人类社会,文明的形成主要受生态环境的影响。大河流域因水资源丰富、地势平坦、土地肥沃、气候温和,适合人类生存,往往成为古代文明的摇篮,此时人类经济活动对生态环境的影响有限。随后出现的农业文明阶段,资源消耗的数量和速度虽有所增长,但仍在生态环境能够接纳吸收的范围内。18世纪开始的工业革命,从根本上改变了农业文明范式下的低生产力局面,人类物质财富得到快速积累和极大丰富。但工业文明奉行人类中心主义的价值观,盲目追求货币收益和利润最大化,造成严重的环境污染和生态破坏,导致人类社会发展面临严重危机。自工业革命后,尤其是20世纪60年代以来,西方学界从不同角度对工业文明提出了质疑和批判。古典经济学家马尔萨斯、穆勒和新古典经济学家马歇尔、索洛以及生态经济学家戴利等,都从不同角度思考了增长极限的问题,但至今也没有找到解决西方工业文明根本性矛盾的途径。

20世纪50年代以来,我国在基础设施建设、经济发展、城镇化建设等方面都取得了巨大成效,但资源、环境和生态问题,已成为经济社会可持续发展的重大瓶颈制约。人民群众对生存生活环境质量的要求亦逐步提高,生态环境成为突出的民生问题。提高环境质量,是事关发展全局的一项刻不容缓的重要工作。中华民族要永续发展,社会要进步,经济要稳中求进,环境要改善,民生要提高,完成这一系列艰巨任务的关键,就是要坚持绿色发展,而且要立即付诸行动,以"最大决心"推动绿色发展,探索可持续的发展路径和治理模式。习近平指出,我们在生态环境方面欠账太多了,如果不从现在起就把这项工作紧紧抓起来,将来付出的代价会更大。

党的十八大以来,习近平关于建设生态文明、绿色发展、维护生态安全的讲话、论述、批示已有几十次,足见其对绿色发展的重视。这些讲话、论述、批示,思想性强,观点鲜明,理论体系完整,具有极强的实践指导意义,形成了习近平同志关于生态文明的治国理政新思路新战略,丰富和完善了新时代中国特色社会主义思想。2015年11月,党的十八届五中全会把绿色发展确立为"十三五"乃至之后更长时期内必须坚持的重要发展理念,指导中国未来的发展和实践。绿色发展具有丰富的内涵和具体要求:第一,绿色发展的定位是与创新、协调、开放和共享协同推进的基本发展理念;第二,绿色发展的目的是发展,是保障民生,保护和提高生产力;第三,绿色发展的内容涵盖经济社会发展的各个方面和全过程;第四,绿色发展的具体措施是节约资源、保护环境、改善生态;第五,绿色发展的标志是人与自然和谐共生的发展、天蓝地绿水清以及美丽之中国。

绿色发展的基本原则就是:高效低耗、高品低密、高标低排、无毒无害、清洁健康等,实现绿色工业化、绿色城市化和环境保护的互利耦合,达到发展与环保双赢的目的。从这一意义上说,绿色发展道路也就是建设生态文明的道

路。绿色发展理念的确立,是我们党在新时期对经济社会发展规律认识的新
成果,充分体现了我们党对人民福祉、民族未来的责任担当。绿色发展正引领
着中国走向永续发展,开启生态文明的新时代。

五、以人民为中心推进人的全面发展

世界上还没有一种社会主义像中国特色社会主义那样公开申言要坚持以
人民为中心。习近平不但重申中国特色社会主义坚持以人民为中心,而且提
出坚持以人民为中心就是要"促进人的全面发展"。这就说明,以人民为中心
作为这种社会主义的理想和价值追求,就是以实现人的自由全面发展为根本
目标。

毫无疑问,马克思主义创始人在论述科学社会主义理论时,从来就是把人
的自由全面发展放到最重要的地位。马克思和恩格斯的下述语言我们都耳熟
能详:"个人的全面发展";"各个人自由发展为一切人自由发展的条件的联合
体"①;"个性得到自由发展"、"给所有的人腾出了时间和创造了手段,个人会
在艺术、科学等等方面得到发展"②。虽然马克思主义创造人早就把人的自由
全面的发展作为社会主义的根本价值目标,但是长期以来,在以往的社会主义
实践中,一些社会主义者总不愿也不敢理直气壮地强调这一点。当提及人的
全面发展时,他们常常把它当作只有进入共产主义社会以后才会出现的情况,
而不是把其视为现实社会主义应当努力创造条件、并逐步地通过达到阶段性
目标以接近终极目标的实践。这就使现实社会主义的价值取向脱离了社会主
义的终极价值目标,换言之,这就使社会主义的终极价值目标与生活在现实社
会主义中的人们的当下价值取向严重脱节,其结果就是一方面社会主义的终
极价值目标减弱了其影响力,另一方面生活在现实社会主义中的人们迷失了
生活方向。

20 世纪后期,社会主义事业遭受严重挫折的现实使中国共产党人在重新
思考社会主义的前途和命运时,把在现实社会主义中要不要坚持社会主义的
终极价值目标这一问题严肃地提了出来。党中央提出中国特色社会主义必须
坚持以人民为中心,必须坚持实现人的自由全面的发展,就意味着已经把社会

---

① 《马克思恩格斯全集》第 4 卷,人民出版社 1958 年版,第 491 页。
② 《马克思恩格斯全集》第 46 卷下册,人民出版社 1980 年版,第 219 页。

主义的终极价值目标作为现实社会主义的价值取向。这是基于对20世纪末世界社会主义运动遭遇失败的深刻反思，并对当代中国社会主义的现状与走向的冷静分析后所作出的明智之举。中国共产党人已认识到，尽管就具体的经济、文化、社会、生态文明等建设任务来说，现实社会主义在每一历史阶段只能做这一历史阶段能够做的事，超越历史阶段就会重新犯空想主义的错误，但是在完成每一阶段的具体任务之时，必须把这些任务指向社会主义的终极价值目标，也就是说，必须用社会主义的终极价值目标统领这些具体的任务，把这些任务的完成与实现社会主义终极价值目标联系在一起。

中国特色社会主义坚持以人民为中心的根本原则，其基本内涵包括：第一，这种社会主义的主体是人，即在社会中求生存、谋发展的活生生的人是推进社会主义事业的主体；第二，这种社会主义的动力是人，即没有亿万投身于社会主义建设的人的积极性，社会主义事业将失去生机；第三，这种社会主义的根本是人，即社会主义所有的发展问题都围绕着人这个根本展开；第四，这种社会主义的标准是人，即用人民群众是否得利益以及利益的大小等来衡量社会主义事业的成功与否；第五，这种社会主义的目的是人，即明确地把谋求全体人民的幸福作为目的。

实际上，对中国特色社会主义把以人民为中心作为价值追求的意义与含义的理解，仅仅理解成中国特色社会主义以人为出发点，围绕着人这个中心展开还是不得要领的。关键在于必须进一步搞清楚，作为社会主义的所谓"主体""动力""根本""标准""目的"的人究竟是一种什么样的人？中国特色社会主义所坚持的以人民为中心常常把此与实现人的全面发展放在一起加以论述，这是意味深长的。把以人民为中心进一步理解成"以人的全面发展"为根本目标，具有极大的针对性。如果人们只是着眼于在物质领域满足人的需要，如果人们只是把人引向一种"消费动物"，如果人们把人的存在方式完全等同于最大限度地去"占有"，那么其结果就是在目前一些工业化国家常常所看到的人的片面化和异化。"西方马克思主义"的著名代表人物马尔库塞曾著有《单向度的人》一书，对此做过深刻的揭露。在这种情况下，越是以人民为中心越有可能给人带来负面效应，因为这会把人越来越引向一条错误的道路。在一定意义上，正如马尔库塞在《单向度的人》一书中所指出的，很难说已经实现工业化而人却仍然处于异化之中的国家，完全撇开了人来进行经济和社会建设的,关键在于,他们只是把人当作了一心追求物质欲望满足的"经济动物"。党中央提出以人民为中心不仅仅针对着这些工业化国家不以人民群众的利益为出发点,而且针对着这些工业化国家使人成了片面发展的"单面人"。这样说来,把以人民为中心作为中国特色社会主义的价值目标的意义仅仅说成是使中国的社会主义建设事业回到"为人民服务"的轨道上来还是不够的,还应进一步把这种意义理解成不断满足人的多方面的需求和实现人的全面发展。作为中国特色社会主义的价值取向的以人民为中心的最深刻的意义和最基本的内涵就在"全面"两字上,即促使人的各个方面、各个层次兼容并包地、相互协调地得以发展。

只要在实现人的全面发展这一意义上来理解作为中国特色社会主义的价值取向的以人民为中心的含义,那么促使人与自然之间的和谐相处在这一价值观中的地位也就不言而喻、一清二楚了。消除人与自然的对立,完成自然主义与人道主义的统一,是实现人的全面发展的必不可少的一个环节,甚至可以说,是实现人的全面发展的基础和前提。

马克思主义的创始人把人与自然的关系纳入社会历史之中来。他们从存在论的角度论证了人同自然是部分与整体的关系,人这一能动的存在物与其他动物一样必须依赖自然界而生存。在他们看来,自然界的生态系统遭到破坏人类就会陷于灭顶之灾,相应的,倘若人与自然界建立起了和谐的关系,那么人类所获得的解放是整体的解放,所获得的幸福是整体的幸福,所获得的发展是整体的发展。马克思曾经通过考察德谟克利特和伊壁鸠鲁的自然哲学的区别,来说明人只要掌握自然界的客观理性,只要建立起人与自然界的内在联系,就能达到"定在中的自由"。他这样说道:"自然界,就它本身不是人的身体而言,是人的无机的身体。人靠自然界生活。这就是说,自然界是人为了不致死亡而必须与之不断交往的、人的身体。"①马克思在这里把自然界视为人的身体自身,既然如此,自然界的复活与发展,也就是人整体的复活与发展。恩格斯也这样说道:"我们必须时时记住:我们统治自然界,决不象征服者统治异民族一样,决不象站在自然界以外的人一样,——相反地,我们连同我们的肉、血和头脑都是属于自然界,存在于自然界的;我们对自然界的整个统治,

① 《马克思恩格斯全集》第42卷,人民出版社1979年版,第95页。

是在于我们比其他一切动物强，能够认识和正确运用自然规律。"①只要我们像恩格斯所说的那样，时刻记住"我们连同我们的肉、血和头脑都是属于自然界的"，记住我们对自然界的统治并不是对与我们不相干的一样什么东西的统治，而是对我们人自身的统治，那么我们就可进一步明白自然界的复活，生态环境的保护，对人的意义不仅仅是在人与自然相互关系方面的意义，而是对人整个活动和存在的意义。

通过上面这些论述可以清楚地看到，党中央把以人民为中心作为中国特色社会主义的价值目标，实际上就是把实现人的全面发展作为价值追求；而把实现人的全面发展作为价值追求，也就是把实现人与自然完全和谐高度统一作为自己最崇高的追求。

这里，我们从中国特色社会主义既坚持科学社会主义的基本原理，又立足于中国国情，以及从中国特色社会主义伟大事业内含生态文明建设、绿色发展是永续发展的必要条件、生态文明建设是"四个全面"战略布局的重要内容、建设美丽中国是实现中国梦的重要内容、以人民为中心推进人的全面发展等各个方面论证了建设生态文明是中国特色社会主义题中应有之义。在这里是从各个方面分别加以论述的，而实际上，所有这些方面是不可分割地紧密地联系在一起的，也就是说，中国特色社会主义的所有这些特征和内涵是一个有机的整体，而党中央在阐述中国特色社会主义的特征与内涵时也是把它们综合在一起的。所以如果我们也将中国特色社会主义的所有这些特征和内涵视为一个整体，并在此基础上从这个整体出发来考察与建设生态文明的内在联系，那么，这种内在联系会更加清楚、鲜活地呈现在面前。

第二节　社会主义生态文明建设的战略选择

20世纪60年代，出现了"国家发展战略"这一概念。按照通常的理解，所谓"国家发展战略"是指一个国家为了实现一定的经济社会目标而制定的政策和策略。建设社会主义生态文明的目标是美丽中国，那么应该通过制定和执行何种战略来实现这一目标呢？纵观今日之世界，许多国家都在探讨生态

---

① 《马克思恩格斯全集》第20卷，人民出版社1971年版，第519页。

文明的发展问题,我国是在与许多工业化国家不同的历史背景、文化习俗、地理位置、自然条件、经济水平和社会制度下开展生态文明建设的,从而所选择的生态文明建设战略与这些工业化国家不应该相同。

一、坚持走新型工业化道路

可以把生态系统、地貌和气候的改变区分为自然现象和人为现象。凡是由宇宙活动、地球活动和生态系统变迁这三大原因所造成的这些改变可以被视为自然现象,而由人类活动所带来的这些改变则应当看作是人为现象。从人类诞生以来,人类活动对生态系统和地球环境的影响日益增加。

人类诞生至今已历经 250 万年,在这 250 万年中,前 249 万年人类对生态系统和地球环境的影响微乎其微,人类与生态系统的其他动物对环境的作用相比较区别甚小。进入农业社会以来,人类对生态系统和地球环境的影响开始扩大,但比起工业革命以后,这种影响也是小巫见大巫。工业革命以后,改造和征服自然成了自身的基本观念,于是生态系统和地球环境开始遭到空前的破坏。人类活动对生态系统、地球环境的影响和破坏的程度同人类与自然界的和谐程度是成反比的。显然,比起在工业文明阶段来,人类在农业文明和渔猎文明阶段与自然界亲近、友好得多。正因为如此,一些人一听说建设生态文明,马上缅怀起农业文明和渔猎文明,以为建设生态文明就是要回到前工业化、前现代化去。

20 世纪 70 年代,在西方世界的环境运动中出现了一种"反现代化、反工业化、反生产力"的理论,信奉这种理论的生态中心主义者认定污染和资源破坏是工业化的必然产物,环境和生态退化标志着现代化过程走向终结。他们崇尚"回到丛林去"的浪漫主义,主张重新过"田园牧歌式"的生活,以建立"生态乌托邦"为社会理想。他们不了解生态文明是在工业文明基础上的一种新的人类文明,不了解我们所说的促进人与自然的和谐共生必须以充分享受现代化的成果为前提才能得以成功。如果说在工业文明之前,人与自然之间基本上是和谐的,在整体上没有出现根本性的、全局性的冲突,但这种和谐是低水平的和谐。当今需要的并不是低水平的和谐而是高水平的和谐。按照他们的观点,今天要建设生态文明必须放弃目前正在为实现现代化、城市化、工业化所做出的一切努力。显然,我们不可能为了生态文明而放弃工业文明,不可能为了生态文明而不去享用一切现代化的成果。不能以牺牲生态环境为代价来获取现代化,但同样,也不能以牺牲现代化为代价去实现人与自然之间的和谐。因此,这种选择是在开历史倒车,是在逆历史潮流而动的。建设生态文明的道路不是一条倒退的道路,我们不可能放弃对现代化的追求,现代化以及作为现代化主体的工业化在一定意义上也是人类发展的必由之路。

至今人类所走过的工业化、所建立的工业文明是"先污染、后治理;先破坏、后建设"的道路模式,这种模式将工业文明和生态文明割裂,将二者视为社会发展的两个不同的时间阶段,先建立工业文明,再建设生态文明,二者不能同时进行,人类社会只能按照先工业文明后生态文明的这一发展顺序进行。按照这种模式,中国重复发达工业国家走过的老路是完全不可避免的,在实现现代化、工业化的征途中环境污染也是不可避免的。这意味着既然我国选择了社会主义现代化道路,建设生态文明只能搁置,只能作为未来规划却不能成为当前实践,只能是一般将来时不能是现在进行时。

工业文明优先、生态文明搁置的发展战略在我国能否行得通?首先,目前我国实际上还处于工业化的中后期发展阶段,真正意义上的工业文明还远未形成,但当下我国已面临着严重的环境压力。我国目前所面临的环境压力比起发达工业国家在现代化的起步阶段所面临的压力大得多。如果继续置环境保护于不顾全力向现代化冲刺,那么这种压力会迅速增大。据相关数据显示,倘若按照工业文明的发展模式,假设单位 GDP 的环境压力不变,在相对比较理想的情景下,中国的实际环境压力到 2030 年将是 2000 年的 6.4 倍,2050 年将是 2000 年的 8.1 倍,2100 年将是 2000 年的 18 倍。显而易见中国现代化进程无法承受这么大的环境压力,如果选择这种发展战略,很有可能我国现代化的成果还没有完全享受到,沉重的环境代价已成事实。再者,走过这条老路的很多发达工业化国家已经开始深刻反思这条战略的正确性。发达工业国家面对一系列的全球问题,如气候变暖、臭氧层被破坏等,也逐步形成了这样一种共识:这条发展道路是不可持续的,有必要进行"第二次现代化"。

值得注意的是,发达工业国家的现代化程度应当与环境恶化程度是成正比的,但发达工业国家的生态环境整体要比发展中国家好得多。当今世界的生态现代化指数显示,发达工业国家基本上都名列前茅,而发展中国家大都排在它们之后,我国在 118 个国家中排第 100 位。目前中国与主要发达工业国家的最大相对差距在于:自然资源消耗占 GNI 比例等 3 个指标超过 50 倍,工业废物密度等 4 个指标超过 10 倍。这一数据并不表明发展中国家的现代化进程对环境的影响要大于发达工业国家,其背后隐藏的秘密就在于发达工业国家在实施现代化过程中把原本应当由自己国家承担的环境代价"转移"给了发展中国家。这些发达工业国家主要有三次向发展中国家"转移",第一次是一些工业化国家早期通过发动殖民战争掠夺他国资源,殖民地国家成了这些国家的原料地和廉价劳动力的供应地;第二次是第二次世界大战以后,工业化国家在殖民体系瓦解的情况下改用资本输出的方式开发海外市场,把原材料开采、生产加工过程都放到了海外;第三次是 20 世纪 80 年代以后,以美国为首的西方发达国家通过产业结构的调整,一方面向海外转移劳动密集型产业,另一方面又将一部分资源消耗密集型和资本密集型的产业向发展中国家转移。三次大转移的结果是发展中国家还没有很好地享受到现代化的成果却要承担巨大的环境代价,而发达工业国家享受到了现代化的成果却在一定程度上避免了环境代价。

这些发达工业国家可以通过"转移"的战略解决生态环境问题,但这种战略是不可取的。首先,我国是社会主义国家,社会主义性质决定了我国不会为了本国生态环境去损坏他国环境;其次,中国经济体量很大,一旦转移会导致空前的严重后果。

综上所述,我国既不能为了保护生态环境停止现代化的脚步回到过去,也不能把建设生态文明安排在将来;更不能像发达工业国家那样,把现代化的环境代价"转移"到他国。

作为社会主义国家,我国实现社会主义生态文明建设目标的战略选择就是坚持走中国特色新型工业化道路。所谓中国特色新型工业化道路就是一条科技含量高、经济效益好、资源消耗低、环境污染少、人力资源优势得到充分发挥的新型工业化道路。新型工业化道路是以信息化带动的工业化,是以科技进步为动力、以提高经济效益和市场竞争力为中心的工业化,是同实施可持续发展战略相结合的工业化,是充分发挥我国人力资源优势的工业化。新型工业化道路的"新"就在于它同信息化等现代高科技发展紧密结合;注重经济发展同资源环境相协调;坚持城乡协调发展;实现资金技术密集型产业同劳动密集型产业相结合。走新型工业化道路是从中国国情和世界经济发展情况出发,既遵循工业化客观规律,又体现时代特点的工业化道路。因为随着经济全

球化和我国对外开放的扩大,我国已经不能关起门来先搞工业化再搞信息化,
而是必须走新型工业化道路。走中国特色新型工业化道路,要紧紧抓住加快
经济结构战略性调整这条主线,着力推进产业结构优化升级,完善现代产业体
系。而完善现代产业体系,就要大力培育能源资源消耗低、辐射带动力强、发
展前景广阔的战略性新兴产业,使之尽早成为国民经济的先导产业和支柱产
业;大力推进信息化与工业化融合,促进工业由大变强,振兴装备制造业,淘汰
落后生产能力;提升高新技术产业,发展信息、生物、新材料、航空航天、海洋等
产业;发展现代服务业,提高服务业比重和水平;加强基础产业基础设施建设,
加快发展现代能源产业和综合运输体系,逐步形成全面发展的产业格局。

二、实施生态导向的现代化战略

我国既要在本世纪中叶建成富强民主文明和谐美丽的社会主义现代化强
国,又要在建设现代化强国的过程中把对生态环境的损害降到最低。既致力
于实现现代化,又不以牺牲生态环境为代价。在中国特色社会主义"五位一
体"总布局下,开展生态文明建设,实施生态导向的现代化战略。这种战略现
代化旨在增强生态文明,在现代化进程中贯彻以人与自然和谐为价值取向、以
绿色低碳循环为主要原则的绿色发展理念。

目前许多工业化国家也在建设生态文明,这些国家的生态文明是对已有
的现代化成果进行生态化改造。我国还没有形成整体的现代化成果,需要在
创造现代化的过程中实现现代化与生态保护双赢,即在工业化的同时建设生
态文明,在建设生态文明的同时开展工业化,从而形成工业文明和生态文明你
中有我、我中有你的局面。

生态导向的现代化战略是使经济发展与环境退化相"脱钩",努力完成现
代化的生态转型,生态环境的管理从"应急反应型"转变为"预防创新型"。刚
开始,经济发展与环境退化之间的"脱钩"是相对的,实现了这种相对"脱钩",
单位 GDP 的环境压力年增长率便小于零,即每一单位 GDP 所带来的环境压
力不再逐年增长。实现了相对"脱钩",还要向"绝对脱钩"方向努力。所谓
"绝对脱钩"就是环境压力年增长率小于零,单位 GDP 的环境压力的年下降
率大于 GDP 的年增长率。只要实现了"绝对脱钩",环境的压力就不会随着
GDP 的增长而增大,相反还会减少而且减少的幅度大于增长的幅度。据测
算,如果单位 GDP 的环境压力的年下降率超过 4%,那么,2050 年中国的实

际环境压力有可能下降到 2000 年的水平。当然,经济发展与环境退化之间"脱钩"只是"消极地"处理环境与经济之间的关系,生态导向的现代化战略不能停留在这种"消极"的层面上,还要积极地促使环境与经济之间互利耦合。

现代化的基本含义是工业化和城市化。实施生态导向的现代化战略,落实到工业化和城市化方面,就是实现绿色工业化和绿色城市化。所谓绿色工业化,它的战略目标是:在 2000 年,经济"三化"即"轻量化""绿色化""生态化"达到世界初等水平,全部环境压力指标与经济增长相对"脱钩";在 2050年,经济"三化"达到世界中等水平,经济与能源、资源、物质和污染等完全"脱钩",部分环境指标与经济增长实现良性耦合,部分实现环境与经济的双赢。它的基本任务是:经济"三化"从世界低等水平提高到世界中等水平,关键环境指标与经济增长完全耦合;资源和物质生产率提高 10 到 30 倍,工业和经济废物密度下降 90% 左右,工业废水和废物处理率基本达到 100%;弥补和消除历史遗留的环境损害、减少和消除转型过程的新的环境损害、完成经济发展模式的生态转型。它的战略措施是:继续实施新型工业化战略,走绿色工业化道路;促进传统工业流程再造,加速环保产业的发展,降低工业污染;实施污染治理工程,逐步清除重点地区和重点产业的污染遗留;推进循环经济,降低资源消耗,建设资源节约型经济;实施绿色服务工程,加快服务经济发展,促进经济的"三化"转型。

而所谓绿色城市化,它的战略目标是:在 2050 年,人居环境基本达到世界先进水平,城市空气质量达到国家一级标准,绿色生活和环境安全达到世界中等水平,社会进步与环境完全"脱钩"。它的基本任务是:社会"三化"从世界低等水平提高到世界中等水平,社会进步与环境退化完全"脱钩",关键环境指标与生活质量实现良性耦合:安全饮水和卫生设施普及率达到 100%,城市生活废水和废物处理率达到 100%,人均服务消费提高 50 倍,环境风险下降20 倍,城市空气质量达到国家一级标准;弥补和消除历史遗留的环境损害、减少和消除社会转型过程的新的环境损害、完成社会发展模式的生态转型;建立环境友好型的生态社会。它的战略措施是:实施新型城市化战略,改善人居环境,发展绿色能源和绿色交通;建立生态补偿机制,发挥生态服务功能,同享现代化成果;完善自然灾害减灾机制,发挥城市服务功能,保障环境安全;实施绿色消费工程,扩展绿色产品市场空间。

　　生态导向的现代化战略,与当今发达工业国家所推行的那种生态建设工程的主要区别,就在于它立足于预防、创新和结构转变。它着眼于持续的生态重构,建立生态现代性,在生态重构中,充分发挥现代科学技术的作用。它正确看待环境的挑战,不仅把环境挑战视为危机,也看作是机会。它通过建立新环境议程,超越各种冲突与利益,形成环境管理的机构,管理自然资源和环境风险,解决经济增长和相应的环境管理的矛盾。它不断地推出前瞻性的预防的环境政策。它采用工业生态学原理,建立参与式的战略环境管理。实施生态导向的现代化战略,既是一个长期的、有阶段的历史过程,又是一场持续多年的国际竞赛;既是国内现代化与自然环境的良性耦合,又是现代化与自然环境相互作用领域的国际竞争。生态现代化是对传统现代化的积极的生态修正。贯穿于生态现代化的基本原则有:预防原则、创新原则、效率原则、不等价原则、非物化原则、绿色化原则、生态化原则、民主参与原则、污染付费原则、经济和环境双赢原则等。生态现代化的实施过程,就是将这些原则有机地、综合性地、相互协调地贯彻的过程。

　　生态导向的现代化战略,既同回到前现代化的思路相违背,又与用高投入、高污染和高消耗来换取经济增长和现代化的实现的战略相对抗,更是对发达工业国家普遍采取的“转移”战略的否定与超越。它不是立足于“转移”而是立足于“转变”,“转变”与“转移”一字之差,但其含义大相径庭、冰炭不相容。“转变”就是改弦更张、另起炉灶。这种“转变”的内涵十分丰富,既包括发展观和发展理念的转变、发展理论与发展方法的转变,也包括经济增长方式的转变、社会经济运行体制与运行机制的转变,甚至还包括工作作风和衡量标准的转变。

　　实施生态导向的现代化战略,可能会导致放缓现代化前进的脚步。增强现代化进程中的生态文明,需要对原先所推行的一系列现代化的措施“有所为有所不为”。在一定意义上,可以称之为在现代化进程中的“战略退却”,这种“战略退却”是理性的表现。列宁曾经对此做过生动的描述:“假定有一个人正在攀登一座还没有勘察过的非常险峻的高山。假定他克服了闻所未闻的艰险,爬到了比前人高得多的地方,不过还没有到达山顶。现在,要按照原定的方向和路线继续前进不仅困难和危险,而且简直不可能。他只好转身往下走,另找别的比较远但终究有可能爬到山顶的道路。"①加强现代化进程中的生态文明建设,实际上是找到能使环境保护与经济发展双赢的新的途径。

第三节　我国生态文明建设的现实路径

我国生态文明建设是针对传统发展取向和经济社会发展所面临的资源瓶颈与环境容量而提出的,其主旨在于促进人与自然的和谐共生。全面推进生态文明建设,践行绿色发展理念要做到:转变经济发展方式、实现绿色技术创新或技术创新的生态化倾向;创建绿色经济社会发展制度;在全社会倡导低碳生活方式和消费方式。

一、加快转变经济发展方式

生态文明,就其实质是要解决好人与自然和谐共生问题。具体说来,绿色发展是对传统发展方式的辩证否定,是建立在生态环境承受力和资源支撑力的约束条件下,将环境保护作为实现可持续发展重要支柱的一种新型发展理念。生态文明建设,必须在经济发展中倡导绿色、低碳、循环的理念,坚持节约资源和保护环境的基本国策,走可持续发展的道路。然而,如何实现"生态"与"文明"的有机结合和"绿水青山"与"金山银山"的辩证统一,走出一条经济发展与环境改善的双赢之路,却是一项长期而艰巨的系统工程。

在社会主义制度下,虽然消除了资本在价值增殖过程中对自然的掠夺,但社会中迅速积聚与膨胀着的流动剩余资本对我们产生着巨大的经济诱惑,即希望同时成为庞大资本市场的驾驭者与获利者。回顾我国改革开放40多年的历程,资本的运营和扩张一方面促进了社会生产力的发展和社会财富的积累与积聚,但另一方面,无论资本在运行机制上还是在运行目的上,都是一个生态环境遭到严重破坏的过程。

资本在本性上是反生态的。因为资本以追求利润最大化为唯一目的,它必然不会顾及生态环境。早在1845年,恩格斯在《英国工人阶级状况》中,详尽论述了资本主义机器大工业所带来的骇人听闻的生态问题。"在艾尔河泛滥的时候(顺便说一说,这条河流像一切流经工业城市的河流一样,流入城市

---

① 《列宁全集》第42卷,人民出版社1987年版,第447页。

的时候是清澈见底的,而在城市的另一端流出的时候却又黑又臭,被各色各样的脏东西弄得污浊不堪了),住房和地下室常常积满了水,不得不把它舀到街上去;在这种时候,甚至有排水沟的地方,水都会从这些水沟里涌上来流入地下室,形成瘴气一样的饱含硫化氢的水蒸气,并留下对健康非常有害的令人作呕的沉淀物。"①马克思在《资本论》中,也深刻揭示了资本在节约成本、追求增殖的过程中,造成严重的生态环境问题和恶劣的劳动条件问题。"这种节约在资本手中却同时变成了对工人在劳动时的生活条件系统的掠夺,也就是对空间、空气、阳光以及对保护工人在生产过程中人身安全和健康的设备系统的掠夺"②。生态学马克思主义的代表人物福斯特也多次论及资本的反生态性,多次表述资本、利润、扩张、短期投资行为、市场、无限积累与生态之间的对立关系。"急如星火地追求增长一般地说总是意味着迅速消耗能源和原材料,总是意味着与此同时把越来越多的废物堆积到环境之中,从而也总是意味着环境退化的日益加剧"③。

当前,资本在我国的存在还有其合理性,我们还必须利用资本发挥其历史作用。但同时,不能认为只有等到资本的作用完全发挥出来以前再去考虑限制资本,而是应该把发挥资本的作用和对资本的批判结合起来,还应该把利用资本和限制资本结合起来,把资本在实现利润的最大化的过程中对自然环境的伤害降到最低的程度。

此外,我国现处于由农业社会向工业社会发展的转型期,为了追赶发达国家,长期沿用高投入、高消耗和高污染的粗放型经济增长方式。这种传统的发展取向不可避免地带来了生态环境的恶化,生态系统已呈现出由结构性破坏向功能性紊乱演变的态势。我国经济社会的发展正面临着资源瓶颈和环境容量的制约,经济增长和生态环境之间已经出现"新结构危机"。

当今中国出现的生态问题是传统发展理念的必然结果,因而必须调整发展理念及其方式。党的十八届五中全会确定的绿色发展理念,围绕人与自然的和谐共生、主体功能区建设、低碳循环发展、资源的节约和高效利用、环境整

---

① 《马克思恩格斯全集》第 2 卷,人民出版社 1957 年版,第 320 页。
② 《马克思恩格斯全集》第 23 卷,人民出版社 1972 年版,第 467 页。
③ J. B. Foster, *Ecology Against Capitalism*, Monthly Review, Vol. 53, No. 5,（October 2001）, pp.2-3.

治、生态安全屏障等六个方面的内容,从生态文明建设和"绿色化"发展的高度赋予绿色发展以崭新的面貌。全面认识当今中国"新五化"——工业化、信息化、城镇化、农业现代化和绿色化的新趋势,通过自主创新能力和实施知识产权战略,把经济发展的动力转变到主要依靠科技进步、劳动者素质提高和管理创新上来,推动经济转型,发展环保产业。因而,建设社会主义生态文明,要加快转变经济发展方式,发展绿色经济、循环经济和低碳经济。

首先,实现绿色发展,最重要的是要有绿色经济的支撑。绿色经济包括生态农业、生态工业、生态旅游、环保产业、绿色服务业等。在当前国情下,绿色经济是实施可持续发展战略的有效手段,是实现新型工业化的重要途径之一。发展绿色经济,有助于解决环境保护与经济发展的矛盾。

其次,要在资源回收和循环再利用的基础上,以"减量化、再利用、资源化"为原则,推动循环经济的发展。在开采环节上,提高资源综合开发和回收利用率;在消耗环节上,提高资源利用效率;在废弃物产生环节上,开展资源综合利用;在再生资源产生环节上,回收和循环利用各种废旧资源;在社会消费环节上,提倡绿色消费。在资源、能源面临巨大压力,替代能源短时期难以有巨大突破的当下,发展循环经济有助于实现资源的节约和保护,缓解人与自然之间的紧张关系。

再次,在可持续发展战略的指导下,通过发展低碳经济实现低碳发展。通过技术创新、制度创新、产业转型、新能源开发等多种手段,尽可能地减少煤炭石油等高碳能源消耗,减少温室气体排放,进而达到经济社会发展与生态环境保护的双赢。

二、推动绿色技术创新

科学技术是第一生产力。然而,也应看到科学技术是一柄"双刃剑"。一方面,20世纪以来,传统工业化借助技术手段,对自然资源进行了高强度、掠夺性的开发利用,在很大程度上加剧了环境污染和生态破坏。另一方面,科学技术在节约资源、保护生态、改善环境等方面,也发挥着越来越显著的作用。因此,要改变传统的科技观,不应把科技看作征服自然、统治自然的工具,而应该将其纳入自然、经济与社会可持续发展的正确轨道上来,不断为生态文明建设提供科学依据和技术支撑。其中,生态技术创新不仅关乎我国经济转型的成败,同样也关乎生态文明建设的成败。

　　传统的技术创新体系割裂了经济、社会与环境之间的关系,忽略了企业利益、社会利益和生态效益的关联,而将技术创新的价值限定在狭隘的个体层面上,并因此导致了环境污染和生态破坏。被称作技术创新生态化或绿色技术创新的生态技术创新,以生态保护为核心,在企业生产中引入生态观念,从而引导技术创新朝着有利于资源、环境保护及其与经济、社会、环境系统之间的良性循环的方向协调发展。它追求的是生态经济综合效益,即经济效益最佳、生态效益最好、社会效益最优的三大效益的有机统一,其最终目的是社会的可持续发展。作为技术发展的当代转向,技术创新生态化承载着人们对新技术的迫切期待。一般说来,"技术创新生态化是对传统技术创新理论的一种全新诠释和定向改变,它要求在技术创新过程中全面引入生态学思想,考虑技术对环境、生态的影响和作用,既保证技术的创新性和实用性,又要确保环境清洁和生态平衡,在实现商业价值的同时又创造生态价值,最终目标是协调人类发展和自然环境之间的关系,终极目的是实现人类的可持续发展。"①

　　在当今世界,技术创新生态化已经成为技术创新的根本趋势。人们深切认识到,在资源短缺、环境污染、生态危机日益严峻的当下,在自然灾害、社会风险频发的情况下,只有将技术创新与资源节约、环境保护结合起来,树立新的生态价值导向,才能实现经济社会的可持续发展。世界各国在反思传统的技术创新体系的缺陷和不足的基础上,纷纷提出技术创新的生态化框架。②1994 年,美国政府发布《面向可持续发展的未来技术》报告,提出绿色技术要有利于实现国家目标,生态技术创新的核心是预防而非治理,并制定了促进绿色产品生产技术与出口的战略,以加强同欧洲和日本在绿色市场上的竞争地位。德国政府把绿色产业作为一个重要的经济门类,致力于生态技术创新,推动社会经济朝着良性循环的方向发展,其成功范例之一是耗电少、辐射低、使用材料种类少且便于回收利用的"绿色电视"。加拿大联邦政府早在 1993 年就制定出技术创新生态化计划,并列入联邦重大科技计划。

　　生态技术创新的本质是以生态价值为核心,实现科技价值的生态重构,它将科学技术视为社会—经济—自然这一复合系统的一个子系统,其价值不仅

---

①　陈彬:《技术创新生态化——一种思想的转向》,《桂海论丛》2003 年第 2 期,第 54—56 页。

②　秦书生:《复杂性技术观》,中国社会科学出版社 2004 年版,第 232 页。

在于人类需要的满足和人类福利的促进,而更重要的在于维持并增进整个系统的平衡。推行技术创新生态化,既有助于节约资源、降低能耗、减少污染,进而提高产品质量、优化产业结构、实现经济转型,也有利于生态环境的保护和恢复,从而实现经济社会与资源环境的协调发展。

建立在生态文明基础上的生态技术创新,将节约资源、保护环境的观念渗透到技术开发过程中,努力保持人与自然的和谐相处,实现可持续发展。可以说,技术创新生态化与生态文明在人与自然的关系上,二者是相互契合的,生态技术创新是生态文明建设的有效手段。生态文明视野下的生态技术创新,应坚持在保护中开发,在开发中保护的原则,具体来说有以下几个方面。

一是经济价值与生态价值并重。人类为了自身的生存与发展需要,运用技术开发自然、实现经济价值,满足人类的物质和精神需求。因此,"人类的技术活动本质上都是经济活动。人类运用技术开发自然、实现经济价值时,必然要付出一定的环境代价。"①生态文明建设突出强调人类在改造自然的过程中,要确保生态环境不被破坏,不能以牺牲环境为代价取得经济的暂时发展。因此,在绿色发展理念指引下进行生态技术创新,在追求经济效益的同时,也需要注重生态效益。

二是依靠绿色技术、合理利用资源。依靠生态技术创新,确保人类对自然资源的技术开发"控制在自然生态系统的自身调节、自身净化的限度内,使人类的经济发展建立在生态平衡的基础上,社会进步建立在人与自然和谐的基础上。"②

三是技术的生态影响评估和预警。现代技术飞速发展,新技术成果不断涌现,一些技术上的新发现、新突破,深刻地影响和改变着生态环境。这必然要求在新技术开发应用前,要充分考虑技术可能产生的生态破坏和环境污染,进行技术的生态影响评估。通过建立健全技术的生态评估和预警制度,从源头上杜绝造成环境污染和生态破坏的黑色技术产生。

三、创建绿色经济社会发展制度

迄今为止,人类文明发展过程中最为成熟的社会制度是经济制度。借助

---

① 秦书生:《技术的生态伦理审视》,《科学经济社会》2007 年第 4 期,第 96—99 页。
② 秦书生:《技术的生态伦理审视》,《科学经济社会》2007 年第 4 期,第 96—99 页。

现代经济学的方法与手段,人们已经做到数字化的量度大到全球和一个国家的经济总量与物质财富,小到一个企业的经济要素的投入与产出。正因为如此,现代经济学一直自诩为唯一或最具有自然科学性质的人文社会科学。然而,今天看来,现代经济学存在着严重的缺陷:从生产、销售到消费的经济活动过程中,都没有充分考虑到物质性经济要素流动所导致的生态环境破坏,而社会发展名义下的经济增长,在相当程度上,进一步加剧了这种消极性生态环境的影响。换言之,无论是微观层面的企业,还是宏观层面的国家,都没有真正建立起一种考虑经济、社会与生态三个方面的社会发展或进步的制度体系。

就我国而言,"社会主义生态文明"的话语本身,并不能代替现实的制度创建。不仅如此,构建一种绿色的经济社会发展制度,肯定将会同时遭遇来自传统的制度惰性和国内外环境的不利性的羁绊。但是,作为一种整体性变革思维及其社会主义的价值旨趣,社会主义生态文明建设将会有助于开启制度体系上的突破。党的十八大报告明确提出,"要把资源损耗、环境损害、生态效益,纳入经济社会发展评价体系,建立体现生态文明要求的目标体系、考核办法、奖惩机制",其深刻意涵,应该正在于此。

社会主义生态文明建设的根本任务,就是在全新的生态文明理念(尊重自然、顺应自然和保护自然)基础上,把生态文明建设放在突出位置,并融入经济建设、政治建设、文化建设、社会建设的各方面和全过程,努力建设美丽中国,实现中华民族的永续发展。即在制度层面上,需要同时依照生态文明所蕴含与彰显的新理念和"自然生态环境美丽且服务于中华民族可持续发展"的总体目标,来全面审视当前的经济、政治、社会与文化制度及其组合架构,建立起一整套绿色发展的生态社会与经济制度体系。

在推进新型工业化进程中,创建最严格的资源(能源)节约与保护制度。改革开放四十多年,我国的工业化进程,已经进入了一个以东部地区的全面结构升级和中西部地区的逐步梯次展开为主题的新阶段。因而,必须首先在国家层面上重新界定资源(能源)耗费在工业发展与经济生产过程中的新地位与新标准。只有这样,才能期望东部地区尽快摆脱以高投入、高消耗、高排放为特征的制造业经济。对中西部地区而言,尽量从一开始就站在一个相对较高层级的产业与经济结构节点之上。另外,我国的资源(能源)应尽快成为经济生产与经济增长中最"珍贵"的要素,成为工商业企业优先节约、高新技术开发和最经济利用的对象。这方面的最大难点在于我国当前依赖煤炭的能源结构。在其他能源和新能源开发存在技术瓶颈、大规模商业化应用前景不明朗的前提下,我国必须在煤炭利用技术上实现实质性的突破。否则,无论是在应对全球气候变化,还是在国内城市大气污染治理方面,都将很难摆脱目前的困境。更具体地说,在"新五化"的社会主义现代化布局中,绿色技术与工艺,占据了更加突出的位置。甚至可以说,"绿色化"是衡量其他"四化"生态文明水准的最基本指标。

在新型城乡一体化进程中,创建最严格的土地(耕地、水、生态)管理和保护制度。目前正在快速推进的新一轮城镇化,虽然体现为大中城市的功能重新布局和中小城市的规模扩张,但弱化了农村社区及其文化传承功能。许多城市郊区或新城镇化社区,同时存在着局部区域的城市化社区组织和生态改善,与更大范围的社会败落与生态退化。这归因于对非工业产业日渐增加的工业主义和经济主义思维。沿着这种取向或思路走下去,很难建立起对土地、耕地、淡水和生态系统的最严格保护。简单地画出再多的"红线"(从耕地保有量到生态安全)也将无济于事。社会主义新农村建设在某种程度上彰显了未来城乡一体化发展的农村维度和视野。从生态文明的视角看,人类未来社会或后工业社会的理想状态是传统工业城市(工商业和人口的超强度聚集)和传统农村(单向度的农业生产与文化)的一体化融合,实现对土地、耕地、淡水和生态系统等自然生态元素的文明理解与尊重。

从目前的经济社会发展规划(五年、中长期)不断拓展完善的过程中,创建一种能够体现"五位一体"总体布局的,全国性经济、社会与生态协调发展规划。目前,推进生态文明建设所提出的一个重大挑战,在于将经济社会发展规划全面提升为一种"经济、社会与生态协调发展规划",明确地把生态环境维度置于国家发展的整体格局和总体战略中。尤其需要强调的是,无论是社会发展,还是生态环境保护,都不应简单理解为一个规划编制条目,或财政支出类型(数额),而是应该自觉地将经济开发活动(包括大众消费),置于社会和谐与生态可持续的目标之下,使之受到社会理性与生态理性的更为明确的制度性规约。

四、倡导低碳生活方式和消费方式

生态文明建设倡导人们去追求生活的质量,而不是简单需求的满足。同时,也反对过度消费和对物质财富的过度享受。人类个体的生活既不能损害群体生存的自然环境,也不应危及其他物种的繁衍生存。生态文明社会形成的社会消费结构既是合理的,也是低碳的。因而,要厉行节约,反对浪费,使低碳绿色消费成为人类生活的新目标、新风尚,从而使人们过上真正符合人类本性及社会道德的生活。

目前,人与自然、人与人关系的失衡,在很大程度上源于全社会不合理的消费观。生态文明的消费观,就是要消除大量消耗资源和个人享乐的消费,而提倡低碳生活方式和消费方式。这种生活方式和消费方式要求消费者要理性审视消费环境,购买节约资源、持久耐用的产品。多注重精神文化的消费,少注重物质享受的消费,让自身的精神层次有更大的提升。从而,逐渐在全社会形成人与自然协调的、可持续的消费观,进而实现社会和谐与永续发展。

具体说来,生态文明建设使人们从追求享乐的消费主义的生活方式转向人与自然和谐共生的低碳消费方式。低碳生活建立在自然资源的有限性和人类对自然的依赖性的关系基础上,明确生态自然对人类生存和发展的重要性、根本性。作为一种顺应生态文明建设的自然伦理需求的生活新模式,低碳生活要求人们关注生活的各个细节,把自然与社会发展两者之间的关系作为均衡生活行为的标尺,主动约束自己的行为,改善自己的生活习惯,自然而然地去节约身边各种资源,变不合理消费为低碳消费。这种生活方式是对传统生活方式的革命性变革,可以有效地缓解环境的压力,减少人的行为对自然的破坏,杜绝自然"报复"人类与人类"反报复"于自然的恶性循环。

生态文明在于维系人和自然的和谐,促进人与自然的共荣共生。生态文明建设带来的低碳生活方式担当起了代内代际消费公正的道德责任。"目前的消费方式,尤其在消费驱动的工业经济中的消费方式,正是导致环境恶化的元凶,现在的消费情形正是要改变的东西。"[①]消费行为背后体现的不仅是经济,也蕴含了道德。消费主体在消费自然资源和物质资料时应充分考虑到其

①　[美]戴斯·贾丁斯:《环境伦理学》,林官明、杨爱民译,北京大学出版社 2002 年版,第96 页。

他消费主体的消费权益,考虑消费活动对自然的影响,这就是所谓的消费公正,不公正的消费行为理应受到伦理谴责和道德审判。从代际消费公正来看,低碳生活不是在当代人满足自身需要时对子孙后代满足其需要的能力构成威胁,而是尽可能给后代人留下更广阔的生存和发展的条件和空间。低碳生活也没有因照顾后代人的消费而消极克制当代人的消费,扼杀当代人在环境开发与利用上的能动性,使人重新沦为环境盲目性的奴隶。从代内消费公正来看,低碳生活就是人与人之间以一种平等公正的关系共同履行对地球的责任,而不是单纯从一己私利出发,对生态资源进行破坏性开采和利用,损害人类共同的、长远的利益。因此,低碳生活倡导节俭生活,目的"不是节俭或节约生活,而是节制欲望,约束不必要的或超生活需要的消费行为,使生活消费不偏离生活目的本身"①。换言之,是对当前不合理生活方式的纠偏,调整人对自然的物质占有关系,保证人与人、当代与后代对资源的共同拥有。这就需要通过不断的技术创新、调整产业结构、开发低碳产品来实现。由此可见,低碳生活不是静态不变的,而是动态的不断变化发展的,是一个不断创建的过程。有了公平正义的指引,人们才能进行自身生产活动的自我调节,使生产活动符合生态环境的发展规律;有了公平正义的光芒,低碳生活才能有切实的秩序保障,低碳社会才会离我们越来越近,低碳生活才会有望真正成为人们的日常生活方式。人按自然规律对生态环境的主动建设,使生态环境更适合于人类的生存和发展。

生态文明所倡导与追求的,是一种尽量维持生态多样性、可持续性的适度发展和低碳消费。无论是两型社会建设,还是循环发展、低碳发展和绿色发展,都依托于、内化于全社会主体的生活伦理观念的实质性革新,也就是生态文明主体的出现与孕育。在当下,很多人还只是环境保护的看客,认为环境保护、节能减排是政府和企业的事情,是社会精英人物关注的事情,这些问题离自己很远,甚至与自己无关。消除"看客"意识,建立主体精神,是至关重要的。就目前的生态环境现状来说,唯有以"生态文明主体责任"为核心,构建生态文明的责任伦理,提升行为主体的责任感与内在品格,才能为低碳生活提供内在动力。生态文明建设的责任伦理无疑是构建低碳生活责任伦理的先

---

① 万俊人:《道德之维——现代经济伦理导论》,广东人民出版社 2000 年版,第 294 页。

在基础。低碳生活的责任伦理应包括正确处理人与自然的关系、关心子孙后代的可持续发展问题、恰当处理社会关系中权利与责任的制衡问题等，要求人们为了人类和整个地球负责任地生活，接受并履行生态危机所带来的各种责任。

参考文献

一、著作类

(1)《习近平谈治国理政》(第一至三卷),外文出版社 2018、2017、2020 年版。

(2)《习近平关于社会主义生态文明建设论述摘编》,中央文献出版社 2017 年版。

(3)《马克思恩格斯全集》第 1、2、3、4、7、12、13、16、19、20、21、23、25、32、38、42、46、47 卷,人民出版社 1956、1957、1958、1960、1957、1962、1962、1972、1963、1971、1965、1972、1974、1974、1959、1979、1979、1979 年版。

(4)《列宁全集》第 1 卷,人民出版社 2013 年版。

(5)《十八大以来重要文献选编》(上、中),中央文献出版社 2014、2016 年版。

(6)王伟光:《习近平治国理政思想研究》,中国社会科学出版社 2016 年版。

(7)潘家华等:《生态文明建设的理论构建与实践探索》,中国社会科学出版社 2019 年版。

(8)潘家华:《中国的环境治理与生态建设》,中国社会科学出版社 2015 年版。

(9)解保军:《马克思自然观的生态哲学意蕴》,黑龙江人民出版社 2002 年版。

(10)余谋昌:《生态哲学》,陕西人民出版社 2000 年版。

(11)陈学明:《谁是罪魁祸首——追寻生态危机的根源》,人民出版社 2012 年版。

(12)刘仁胜:《马克思主义生态文明观概述》,人民出版社 2009 年版。

(13)王雨辰:《生态批判与绿色乌托邦——生态学马克思主义理论研究》,人民出版社2009年版。

(14)黄承梁、余谋昌:《生态文明:人类社会全面转型》,中共中央党校出版社2010年版。

(15)郇庆治、李宏伟、林震:《生态文明建设十讲》,商务印书馆2014年版。

(16)陈学明:《生态文明论》,重庆出版社2008年版。

(17)傅治平:《生态文明建设导论》,国家行政学院出版社2008年版。

(18)郭剑仁:《建设生态文化》,湖北人民出版社2012年版。

(19)贾卫列、杨永岗、朱明双等:《生态文明建设概论》,中央编译出版社2013年版。

(20)李世东、林震、杨冰之:《信息革命与生态文明》,科学出版社2013年版。

(21)王明初、杨英姿:《社会主义生态文明建设的理论与实践》,人民出版社2011年版。

(22)刘思华:《刘思华可持续经济文集》,中国财政经济出版社2007年版。

(23)沈满洪:《生态经济学》,中国环境科学出版社2008年版。

(24)秦书生:《复杂性技术观》,中国社会科学出版社2004年版。

(25)庄贵阳:《低碳经济:气候变化背景下中国的发展之路》,气象出版社2007年版。

(26)邱仁宗主编:《国外自然科学哲学问题》,中国社会科学出版社1994年版。

(27)傅伟勋:《从西方哲学到禅佛教》,生活·读书·新知三联书店2005年版。

(28)万俊人:《道德之维——现代经济伦理导论》,广东人民出版社2000年版。

(29)[德]A.施密特:《马克思的自然概念》,欧力同、吴仲昉译,商务印书馆1988年版。

(30)[美]詹姆斯·奥康纳:《自然的理由》,唐正东、藏佩洪译,南京大学出版社 2003 年版。

（31）［加］威廉·莱斯：《自然的控制》，岳长龄、李建华译，重庆出版社 2007 年版。

（32）［美］约翰·贝拉米·福斯特：《生态危机与资本主义》，耿新建译，上海译文出版社 2003 年版。

（33）［英］安东尼·吉登斯：《气候变化的政治》，曹荣湘译，社会科学文献出版社 2009 年版。

（34）［英］安东尼·吉登斯：《现代性的后果》，田禾译，译林出版社 2000 年版。

（35）［英］简·阿特·斯图尔特：《解析全球化》，王艳莉译，吉林人民出版社 2003 年版。

（36）［挪威］乔根·兰德斯：《2052：未来四十年的中国与世界》，秦雪征等译，译林出版社 2013 年版。

（37）［英］威尔·赫顿、安东尼·吉登斯编：《在边缘：全球资本主义生活》，达巍等译，生活·读书·新知三联书店 2003 年版。

（38）［英］弗朗西斯科·洛佩斯·塞格雷拉主编：《全球化与世界体系》（上册），白凤森译，社会科学文献出版社 2003 年版。

（39）［美］丹尼斯·米都斯：《增长的极限》，李宝恒译，吉林人民出版社 1997 年版。

（40）［法］塞尔日·莫斯科维奇：《还自然之魅》，庄晨燕等译，生活·读书·新知三联书店 2005 年版。

（41）［法］埃德加·莫兰：《复杂思想：自觉的科学》，陈一壮译，北京大学出版社 2001 年版。

（42）［美］保罗·库尔茨：《21 世纪的人道主义》，肖峰等译，东方出版社 1998 年版。

（43）［美］赫伯特·马尔库塞：《单向度的人——发达工业社会意识形态研究》，张峰等译，重庆出版社 1988 年版。

（44）［美］戴斯·贾丁斯：《环境伦理学》，林官明、杨爱民译，北京大学出版社 2002 年版。

（45）［美］巴里·康芒纳：《封闭的循环——自然、人和科技》，侯文蕙译，吉林人民出版社 1997 年版。

(46)［美］弗·卡普拉:《转折点:科学·社会·兴起中的新文化》,冯禹译,中国人民大学出版社 1989 年版。

(47)［美］理查德·沃林:《文化批评的观念》,张国清译,商务印书馆2000 年版。

(48) Ulrich Beck, *Ecological Politics in an Age of Risk*, Cambridge: Polity Press, 1995.

(49) Roy Morrison, *Ecological Democracy*, Boston: South End Press, 1995.

二、论文类

(1)陈学明:《资本逻辑与生态危机》,《中国社会科学》2012 年第 11 期。

(2)陈学明:《马克思唯物主义自然观的生态意蕴——约翰·贝拉米·福斯特对马克思主义的解释》,《马克思主义与现实》2009 年第 6 期。

(3)［美］小约翰·柯布:《文明与生态文明》,李义天译,《马克思主义与现实》2007 年第 6 期。

(4)汪信砚:《论恩格斯的自然观》,《哲学研究》2006 年第 7 期。

(5)费多益:《马克思的自然观与恩格斯的自然观》,《中国社会科学院研究生院学报》2000 年第 6 期。

(6)徐春:《生态文明与价值观转向》,《自然辩证法研究》2004 年第 4 期。

(7)严耕:《浅析生态文明建设》,《生态经济》2006 年第 9 期。

(8)尹成勇:《生态文明评价的现状与发展方向探析》,《中国党政干部论坛》2013 年第 1 期。

(9)陈迎:《G20 为推动落实 2030 年可持续发展议程注入新动力》,《中国环境监察》2016 年第 8 期。

(10)董亮、张海滨:《2030 年可持续发展议程对全球及中国环境治理的影响》,《中国人口·资源与环境》2016 年第 1 期。

(11)［美］赫尔曼·F.格林:《生态社会的召唤》,《自然辩证法研究》2006年第 6 期。

(12)黄承梁:《以"四个全面"为指引走向生态文明新时代——深入学习贯彻习近平总书记关于生态文明建设的重要论述》,《求是》2015 年第 8 期。

(13)李芬、张林波、李岱青:《国家公园:三江源地区生态环境保护新模式》,《生态经济》2016年第1期。

（14）李萌:《2014年中国生态补偿制度总体评估》,《生态经济》2015年第12期。

（15）刘振民:《全球气候治理中的中国贡献》,《求是》2016年第7期。

（16）娄伟、潘家华:《"生态红线"与"生态底线"概念辨析》,《人民论坛》2015年第36期。

（17）潘家华:《与承载能力相适应确保生态安全》,《中国社会科学》2013年第5期。

（18）潘家华:《碳排放交易体系的构建、挑战与市场拓展》,《中国人口·资源与环境》2016年第8期。

（19）潘家华、王谋:《国际气候谈判新格局与中国的定位问题探讨》,《中国人口·资源与环境》2014年第4期。

（20）钱学森:《运用现代科学技术实现第六次产业革命——钱学森关于发展农村经济的四封信》,《生态农业研究》1994年第3期。

（21）孙新章、王兰英等:《以全球视野推进生态文明建设》,《中国人口·资源与环境》2013年第7期。

（22）陶文昭:《科学理解习近平命运共同体思想》,《中国特色社会主义研究》2016年第2期。

（23）王苒、赵忠秀:《"绿色化"打造中国生态竞争力》,《生态经济》2016年第2期。

（24）谢富胜、程瀚、李安:《全球气候治理的政治经济学分析》,《中国社会科学》2014年第11期。

（25）张伟、蒋洪强、王金南、曾维华、张静:《科技创新在生态文明建设中的作用和贡献》,《中国环境管理》2015年第3期。

（26）周宏春:《绿色化是我国现代化的重要组成部分》,《中国环境管理》2015年第3期。

（27）朱凤琴:《中国传统生态文化思想的现代阐释》,《科学社会主义》2012年第5期。

（28）庄贵阳:《生态文明制度体系建设需在重点领域寻求突破》,《浙江经济》2014年第14期。

（29）庄贵阳：《经济新常态下的应对气候变化与生态文明建设——中国社会科学院庄贵阳研究员访谈录》，《阅江学刊》2016 年第 1 期。

（30）庄贵阳、周伟铎：《全球气候治理模式转变及中国的贡献》，《当代世界》2016 年第 1 期。

（31）陈洪波、潘家华：《我国生态文明建设理论与实践进展》，《中国地质大学学报》（社会科学版）2012 年第 5 期。

（32）张云飞：《试论生态文明在文明系统中的地位和作用》，《教学与研究》2006 年第 5 期。

三、报纸类

（1）周国梅：《"一带一路"建设的绿色化战略》，《中国环境报》2016 年 1 月 19 日第 2 版。

（2）潘家华：《可持续发展经济学再思考》，《人民日报》2015 年 6 月 29 日第 22 版。

（3）黄承梁：《建设生态文明需要传统生态智慧》，《人民日报》2015 年 1 月 15 日第 7 版。

（4）庄贵阳：《破解城镇化进程中高碳锁定效应》，《光明日报》2014 年 10 月 2 日第 8 版。

后　记

　　本书是在我主持的国家社会科学基金项目（15BKS006）结项成果的基础上形成起来的。

　　在党的十九大报告中，习近平总书记庄严宣示："中国特色社会主义进入了新时代，这是我国发展新的历史方位"。我们党"形成了新时代中国特色社会主义思想"。作为习近平新时代中国特色社会主义思想的重要组成部分，习近平生态文明思想不仅体现了马克思主义与时俱进的理论品格，而且为解决当今世界严峻的生态环境问题指明了方向和路径。

　　建设生态文明是中华民族永续发展的千年大计、根本大计。党的十八大以来，习近平总书记把握时代和实践新要求，着眼人民群众的新期待，就生态文明建设作出了一系列重要论述，形成了系统完整的习近平生态文明思想，从理论和实践结合上系统地揭示了新时代社会主义生态文明建设理论和实践的全景全貌，是不断巩固和深化人与自然和谐发展现代化建设新格局新的政治宣言和行动指南。这一科学系统的生态文明思想，是对马克思主义自然观的继承和发展，是马克思恩格斯自然辩证法在当代中国的最新发展成果。

　　本书力图展开对习近平生态文明思想的研究。马克思主义经典作家关于人与自然关系的精辟论述，构成了马克思主义自然观的主要内容。马克思主义自然观具体可以概括为物质本体、实践人化、社会历史和生态价值自然观，这四个方面充分体现了自然界对人的重要意义。习近平总书记坚持和发展马克思主义自然观，形成了新时代具有中国特色的生态文明思想。习近平生态文明思想中的"环境就是民生""促进人与自然和谐共生""绿水青山就是金山银山""生态文明建设是一个系统工程"等内容，为生态文明建设指明了正确方向和科学路径。在中国社会主义现代化建设的实践中，只有坚持习近平生态文明思想，才能牢固树立起人与自然和谐共生的发展理念，注重现代化发展中的生态因素,按照整个生态系统的运动规律去利用和改造自然,从而实现增进人民福祉与民族永续发展之旨归。

　　当本书即将付梓,提笔写作"后记"的时候,我发自内心地感激我的博士生导师林剑先生对我的悉心指导和谆谆教诲。林剑先生是华中师范大学马克思主义学院二级教授、博士生导师,原学院院长,因病医治无效于2020年10月16日逝世。先生生前给予我的无私帮助和耐心指导历历在目,这些带给我的不仅仅是感动,更是受益终身的治学品格和为师风范。

　　林剑先生是我的国家社科基金一般项目的第二负责人,他生前经常给我一语中的的点拨,我深深地折服于林先生的睿智与宽广的理论视野。林先生在治学和科研上既严谨求真,又追求创新,既拥有对理论真理坚定执着的信念,又拥有深厚的学术底蕴与刨根问底的探索精神,他将马克思主义真理融入人生血脉,化为生活方式,身体力行地为我们展现了一位"真学、真懂、真信、真用马克思主义"的马克思主义哲学学者风范,彰显出独特而又令人敬往的人格魅力。

　　斯人已逝,幽思长存!

　　感谢华中师范大学马克思主义学院。项目结项之际正好赶上学院组织出版"21世纪马克思主义研究丛书",本书得以获得全额资助。

　　感谢人民出版社对拙著的出版作出的精心安排,感谢人民出版社刘松弢老师和彭代琪格编辑付出的辛勤劳动。

毛华兵

2022年3月于桂子山

责任编辑:刘松弢　彭代琪格　胡晓琛

图书在版编目(CIP)数据

马克思主义自然观与美好生活/毛华兵,孟桢 著. —北京:人民出版社,2022.4
ISBN 978－7－01－024549－2

Ⅰ.①马…　Ⅱ.①毛…②孟…　Ⅲ.①自然辩证法-研究　Ⅳ.①N031

中国版本图书馆 CIP 数据核字(2022)第 024951 号

马克思主义自然观与美好生活
MAKESI ZHUYI ZIRANGUAN YU MEIHAO SHENGHUO

毛华兵　孟 桢　著

人民出版社 出版发行
(100706　北京市东城区隆福寺街 99 号)

中煤(北京)印务有限公司印刷　新华书店经销

2022 年 4 月第 1 版　2022 年 4 月北京第 1 次印刷
开本:710 毫米×1000 毫米 1/16　印张:12
字数:182 千字

ISBN 978－7－01－024549－2　定价:50.00 元

邮购地址 100706　北京市东城区隆福寺街 99 号
人民东方图书销售中心　电话 (010)65250042　65289539